U0901992

品味生活

人生就像一杯咖啡，看似苦涩，但真正去品尝起来，柔滑香甜。总会有一种无法形容的感觉迷幻着你，从而俘虏你的思想。

沛霖·泓露 著

生活是一种绵延不绝的渴望，
渴望不断上升，变得更伟大而高贵。
——（法） 杜伽尔

中国商业出版社

图书在版编目（CIP）数据

品味生活 / 沛霖·泓露著. -- 北京 ：中国商业出版社，2017.5
ISBN 978-7-5044-9728-4

Ⅰ. ①品… Ⅱ. ①沛… Ⅲ. ①人生哲学—通俗读物
Ⅳ. ①B821-49

中国版本图书馆CIP数据核字(2017)第031738号

责任编辑：姜丽君

中国商业出版社出版发行
010-63180647　　www. c_cbook. com
(100053　北京广安门内报国寺1号)
新华书店经销
永清县晔盛亚胶印有限公司
*
720×1000毫米　16开　16印张　200千字
2017年6月第1版　2017年6月第1次印刷
定价：38.00元
* * * *
(本书若有印装质量问题，请与发行部联系调换)

前　言

什么是品味生活？它的标准又有哪些呢？

有人说，品味生活要有健康的身体，有良好的生活习惯，有财务的自由，有物质上的富足。

有人说，品味生活就是数码+音乐+咖啡+肯德基+书籍+高工资。

有人说，要有自己的房和车，经常为不知道吃什么而发愁，购物从不看价签，每天有一到二个小时的运动时间，起居有一定规律。

还有人说，品味生活就是极致的生活，有闲有钱、有健康、有文化、有修养、有情趣、有品味，心胸还要豁达，多数往来而无白丁。

专家说："品味生活并不代表享受和享乐，关键在于你自己需要什么，生活是否满足了你的精神和物质的需要。同时，今天的生

活比昨天是否更进步了一些。”

对于我们大家来说，品味生活，就是对生活满意度的最高评价。进步的生活就是品味生活。而占有财富的多少、消耗财富的多少，并不是决定一个人是否拥有品味生活的决定性因素。只有在物质与精神两个层面上的生存状态都得到满足，才能说是拥有了品味生活。精神上不富有，所拥有的物质财富再多，生活也是苍白的，苍白的生活不是品味的生活。奢侈浪费、暴殄天物的本身就是一种精神迷失。

在这个浮躁的世界里，在这个讲究竞争的世界上，如何拥有一份属于自己独具个性的品味生活呢？

首先要有一个品味生活观念来为你的人生领航，还要有优秀的品格来为你的人生护航，优质的选择会为你的人生扬帆远航，但没有了行动，你的人生之舟也无法启航，同时要想这小舟驶得平稳、风顺、畅通无阻，还要有优质的健康、优质的事业、优质的情感来为它保驾护航。在优质的营造下，在优质的放逐中，乘着生命的风帆驶向光辉胜利的彼岸。

研读本书，你会从中寻找到拥有品味生活的办法与途径，只要把这些办法付诸行动，你终将会获得你想要的那份品味生活！

目录

第一章 品味生活源于观念

你的生活是否舒心、快乐、幸福，取决于你对生活的态度。无论是家的温暖、与亲人的感情还是人际交往，以及令人向往的爱情等，方方面面的事情只要你想做得完美，就需要有一个优质的生活观念来为你的人生领航。

第二章　品味自己，让爱做主

你是否会偶尔地假装坚强？你是否会时常用微笑伪装？你是否会厌倦了时常勇敢？你是否会习惯了偶尔惊慌？带着现实中种种的疑问，慢慢地去品味！

第三章　品味生活习惯

“成功的人通常都保有失败者不喜欢的习惯。因为他们乐意做自己并不十分乐意做的事情，以获得成功的果实。然而失败者却只是乐意做自己喜欢做的事情，最后只能接受令人不甚满意的结果。”

——南丁格尔

第四章　品味最真挚的爱

春天从这美丽的花园里走来，就像那爱的精灵无所不在；每一种花草都在大地黝黑的胸膛上，从冬眠的美梦里苏醒。

——雪莱

第五章　品味人生

品格是什么？它是一个人立足社会之本，是一个人做人的原则；一种始终不偏不倚的人格魅力和一个人的灵魂的展现。能够成功的人，他首先是自我意识的觉醒者。

第六章　品味生活选择很重要

我们的生活，要有所选择，也要有所遗弃。有舍有得，这才是舍得。对于人生的每个阶段均要适度把握。否则，顾此失彼的生活，终究不是品味生活。

第七章　怜惜生命，珍视健康

爱事业，爱家庭，不爱健康等于零。生活中我们最不应该做的第一件事情就是：透支健康。世界卫生组织给健康下的定义：健康不仅是没有疾病，而且还包括躯体健康、心理健康、社会适应和道德健康四个方面。

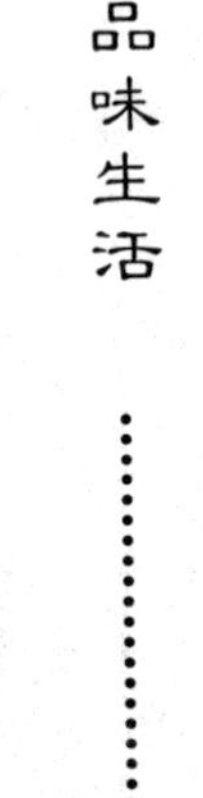

第八章　工作是品味生活的原动力

工作的三种机能：给人们提供一个发挥和提高自身才能的机会；通过和别人一起共事来克服自我中心的意识；提供生存所需的产品和服务。

第一章 品味生活源于观念

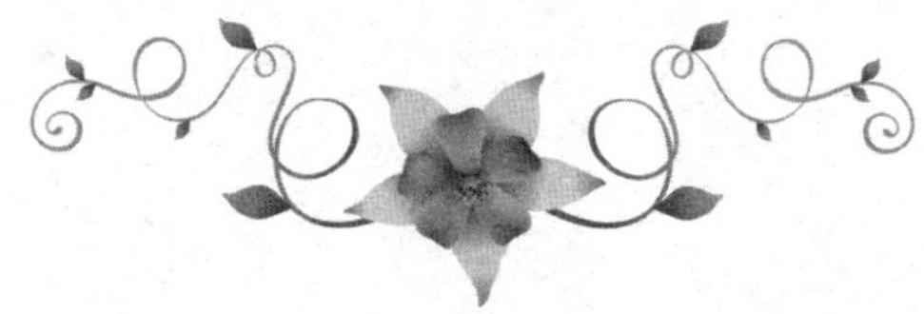

你的生活是否舒心、快乐、幸福，取决于你对生活的态度。无论是家的温暖、与亲人的感情还是人际交往，以及令人向往的爱情等，方方面面的事情只要你想做得完美，就需要有一个优质的生活观念来为你的人生领航。

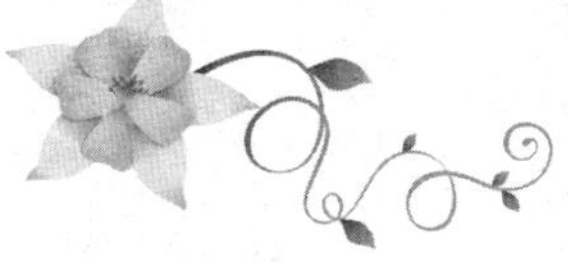

品味生活源于观念

品味生活的前提是生活。诚然，对于任何一个生存在这个世界上的人来说，“生活”始终与他如影随形。不会有人说他自己没有生活。穿衣、吃饭、睡觉、说话；爱人、孩子、亲人、家庭；工作、同事、朋友、交际都是生活，这一切贯穿于每个人一生的全部。应该说，每个人的基本特征是相同的，是什么构成了每个人不同的人生呢？是生活！

少一分担忧，多一分安心；少一分假装，多一分诚实；少一分焦虑，多一分快乐。这是品味生活追求的目标。回归内在自我的唯一途径，就是生活得简单一些。简单有平息喧嚣的力量，让一切无休无止归于自然平静，它可以让人的内心富足。

梭罗说过：“所谓的舒适生活，不仅不是必不可少的，反而是人类进步的障碍，有识之士更愿过比穷人还要简单和粗陋的生活。”

在一个小城里，有一个叫李玉冰的女子，她从小就百病缠身，而且尤为严重的一个病症就是麻痹症。这种病状会使人的身体失去平衡，手与脚会不听使唤地乱动，还会自言自语说出一些模糊不清的话语，十分怪异。在常人看来，她已失去了语言表达能力与正常的生活条件，更不要说什么前途与幸福了。但她硬是靠她顽强的意志和努力，考上了名牌大学，并获得了博士学位。她靠手中的画笔，还有很好的听力，抒发着自己的情感。在一次报告会上，一个学生对她这样提问：“李博士，你是如何看待自己长相的呢？”在场的人都责怪这

个学生不敬，但李玉冰却十分坦然地在黑板上写下了这么几行字：“一、我很温和；二、我的皮肤很白、很美；三、父母是那么爱我；四、我有特长，我会画画；五、我有一只可爱的小狗。”最后，她写道：“我只看我所有的，不看我所没有的！”一句精辟的概括。

当你为每一次日升日落、草木无声的生长而欣喜不已时；当你向自己应该表示感谢的人敞开心扉地说声谢谢时；当你热情地置身于家人、朋友之中，彼此关心、分享喜悦时，你的生活不再是停留表面游荡不定，而是深入其中，聆听生活本质的呼唤，让生活变得更有意义。当你对人对己的需求越少时，你所获得的自由与快乐就越多。认清生活之中哪些是你应该拥有并且珍惜的，哪些是应该追求并且努力的，哪些是应该放下并舍弃的。不妨去养两只宠物，一个叫放下，一个叫快乐。放下才会快乐，快乐地去放下。

你的内心深处有没有这样想过：“为什么我没有一个姣好的面容，一个完美的外部形象。为什么我不能够给家人带去更多的快乐，为什么我的生活不富足。天天工作时间安排得满满，投入的精力也不少，可为什么钞票总是不喜欢我呢！究竟什么时候才能够过上我想要的生活呀！”当你有这种想法的时候，你是否感觉自己的内心在一天天的枯萎。容貌是父母给的，是无法改变的，而精力与时间也可以通过自己的安排自行掌控，你要面对真实的自我，因为只有真实的自我，才能让你由内而外的神采奕奕，精神焕发。当你为拥有一幢别墅、一辆私家车而加班加点地拼命工作；或者是为了一次提升的机会，而默默承受上司苛刻的指责，并长年累月赔尽笑脸；为了永无止境的约会，精心打扮，强颜欢笑时，你真应该问问自己干吗这样，它们真的那么重要吗？只有按照你自己的内心去做事情，你才会感觉到

快乐与幸福，才会让你那干枯的心灵得到润泽与慰藉。面对真实的自我，请从现在开始。

健康新概念

人生最贵重的是什么?是金钱?是地位?还是爱情?不同的人肯定有不同的答案，然而伴随着人们对人生意义认识的不断升华，越来越多的人都认识到：健康是人生的第一要务。健康是生命的基座，失去了健康，生命也就会变得黑暗和悲惨；失去健康就会使你对一切都失去兴趣与热忱。能够有个健康的身体，附之以健康的精神，并且能在两者之间保持良好的平衡，这就是人生最大的幸福。

儒家有句名言：“修身齐家治国平天下”。这里的“修身”主要指正心或修德，但与健康长寿是有内在联系的。儒家认为实现家庭和社会的和谐，应以人人修身为开始，只有成为一个健康的人，具有健康的品德、健康的心态、健康的身体，并懂得和掌握和谐道理的人，才能更好地齐家治国平天下。

老子也说过，“爱以身为天下，若可托天下”，就是说你为天下(人民)珍惜健康，天下(人民)才能托付给你。反之，一个不珍爱健康的人，怎么能承担大事！从这个角度来看，中国古代的思想家、杰出的政治家大多也都是修身养性的保健大家。现代社会，人们更是将健康作为人生的第一要务来践行。

生活中，你是否会发现一些本来很有作为、有知识、有天赋的人，却被不良的健康状况所羁绊，以至于终身壮志难酬。他们空有很大的精神能力，却没有充分的体力作为后盾，虽有凌云壮志，却没有充分的力量去实现，这绝对是人世间最悲惨的事情。

不良的身体，衰弱的精神，不知造成了多少人间悲剧，破坏了天下多少家庭。一个有一分天才的身强体壮者所取得的成就，可以超过一个有十分天才却身体羸弱者所取得的成就。我们需要的是有一个健康而强壮的身体。

健康体魄可以增强人们各部分机能的力量，使其效率、成就较之体力衰弱的时候大大增加。强健的体魄，可以使人们在事业上处处得到好处，得到帮助。

凡是有志成功、有志上进的人，都应该爱惜、保护身体的健康，而不使之有稍许浪费，因为身心健康的无端浪费，将可能减少我们人生或事业成功的可能性。

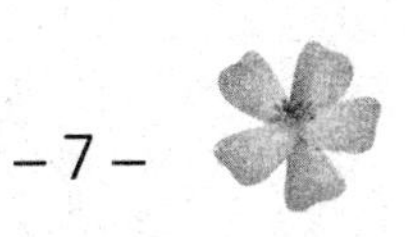

从现在开始盘点你的生活

人与人之间原本没有很大的区别，然而为什么却有截然不同的人生呢？有的人拥有很好的工作、满意的职位、融洽的人际关系以及健康的体魄，而有的人却忙忙碌碌、不可终日，仅仅也只维持着生计并且百病缠身，整天郁郁寡欢。心理学家研究发现，区别的主要因素在于人的“心态”。要么你去驾驭生命，要么被生命驾驭。而心态则决定着谁是骑士。阿基米德曾经说过：“给我一个支点，我就能撬起地球。”对于一个人来说，改变一生的支点就是良好的心态。一个人就是一个独特的世界。如果你想改变你的世界，首先就要改变你的心态。

你满意自己当下的生活吗？你是否过上了你想要的生活呢？你是否清晰深刻地审视过自己的生活？当下的生活有哪些令你感觉到满意？又有哪些令你感觉到不满意呢？

1. 你对目前的生活满意吗？你生活的重心是什么？生活质量如何？

2. 你的成长过程中有过刻骨铭心的经历吗？

3. 你乐意保持现在的生活标准和生活状态吗？如果不乐意，你渴望过一种什么样的生活？

4. 你是否认为自己无论身在哪里，都能随遇而安？悠然生活？你是否能够把每一种生活都过得很好？

5. 你生活中最大的败笔是什么？找到失败的原因了吗？你从失败

中学到了什么呢？

6. 你是否定期整理自己的思绪？审视自己的生活并且追踪检讨？愿意抛去自己并不感兴趣的事物吗？愿意去改善你的生活吗？

当你把目前的生活林林总总都仔细地审视一番过后，你便再一次面对了你的生活。与此同时你可以对自己的生活有一个比较清晰、客观、冷静的透视和分析。盘点生活的过程，也是离心中那个理想的生活更近一步的过程。之于常人的你我，都有很大的益处。

请看大师是如何盘点生活的，这对你以后的生活也许会有一定的指导作用。

本杰明·富兰克林（1706~1790年），美国最伟大的先驱者和美国民主的缔造者之一，著名的科学家、出版家、外交家、政治家、哲学家和实业家，资本主义精神最完美的代表，人类道德与理性的最佳诠释者，一个令人难以置信的通才。

他从一个印刷工人到一个受世界瞩目的成功人士，一步一个脚印地走完了这个旅程。他在成功之路上有一个很好的习惯，就是在日常生活中每周进行自我检查。他还给自己制定了一些准则，内容如下：

节制欲望、沉默寡言、生活秩序、信心坚定、生活俭朴、勤勉努力、诚恳、忠诚老实、待人公正、保持清洁、镇静、贞节、谦虚有礼。

当他把一切准则制定好以后，一项一项地把各条准则记录在常用的一个本子上，每个星期，都要依次把违反的某一条准则记录在本子上。周而复始、日复一日，他所犯的错误在本子上的记录次数越来越少，直到寥寥无几。然而有的时候，那顽固的欲望是不可能完全被理智所掌控的，比如那些最难以克服的缺点中就有骄傲，无论是你掩盖

它，还是和它抗争，克服它也好，或者是尽情地嘲笑它，但是这个东西仍然会时不时冒出头来。

分散注意力是他所采用的办法，把所有的精力用在集中对付其中的一项。这个美德被掌握以后，又会有另外一个值得去注意的。以此类推，直到他做到了所有的准则。

节制被他放在了第一位。主要原因是节制欲望可以使人保持清醒的头脑。为了能够经常保持警惕，抵抗旧习惯不断的吸引力和它无穷无尽的试探与引诱，这种冷静的头脑和清晰的思想是必要的。

沉默寡言被他放在了第二。目的是使他自己有更多的时间来读书，俭朴和勤勉可以给他带来财富和产业，而诚恳和公正的实践看起来更加容易实现。对于每一项美德，他都抽出一个星期的时间去严格注意，彼此轮流替换。如此这般，经过一个星期，他严格预防关于节制的任何极细微的过失。而其他的美德像平时一样，只是每晚记下相关的过失。假如在第一个星期当中，他能够使写着“节制”的第一行里面没有黑点，他就以为这一美德已经加强了，如此循环往复直到最后一项。十三个星期内，他完毕一个完整的过程，一年循环四次。就像是要给花园拔草，一次消灭所有的野草是不可能的，也不要抱有这种想法。人的能力是有限的，一旦超过了这个限度，就会力不从心，不如从一次对付一个花坛开始。渐渐地，他惊奇地发现自己的过失在一点一点地削减。经过一段时期，一年之中他仅仅完毕了一个循环。之后，几年完毕一个循环。完全放弃了这个计划时他也就成功了。

他认为，自己并没有达到原来雄心勃勃地想要达到的完美境界，甚至差得很远。可是靠着这种努力却使他比做这些尝试前要好得多，同时也快乐了很多。就如人们临摹书法，尽管做不到自己所期望的那

种书法，可是至少比在他们临摹之前有了很大的改变。富兰克林把自己长期的健康归结于节制；他把年轻时境遇的安适、财产的获得、成为一个有用的公民以及他自己在学术界得到的一些声誉，全部归功于勤俭和俭朴；国家对他的信任和国家给他的光荣职位归功于诚恳和公正；他的和气和他谈话时候的愉快爽直当归功于全部这些品德的总影响。

活在当下，把握今天

对于你来说，什么事情是最重要的？什么人是最重要的？大多数人的回答是，最重要的事情是赚钱，过富足的生活。要是能当上个官就锦上添花了，有了钱，就有了一切。最重要的人当然是父母、孩子和爱人了。至关重要的是活在每一个今天。也许有人会说，那今天晚上就去抢劫银行吧，不是活在当下吗？如果你真去抢了，一辈子就会担惊受怕地过日子，因为说不准哪天你就会被抓入狱，过暗无天日的生活。当你开着一辆越野车在路上狂奔，享受刺激带给你快感的时候，必须知道前面不是悬崖。活在当下，是以未来为导向的当下。

一个深切渴望能够早日开悟的和尚，决心到深山中苦修，希望借着山川的空灵之气，洗净自己的心境，让自己得以早日到达化境。有一天，和尚在山林中散步，苦苦思索着经书上的话语，就像是一道难题一样，百思不得其解。这时候，突然有一种奇怪的气味拂过和尚的鼻端，空气中还有一种腥腥的气味，当他抬起头想看看究竟的时候，突然出现了一只凶暴吊睛的恶虎，恶虎气势汹汹地向和尚扑过来，说时迟那时快，和尚已从震惊中反应过来，拔腿就跑，他箭步如梭，向前飞奔，似乎把猛虎落在了身后，他继续拼命地跑着，然而老天似乎总爱和他开玩笑，当他用尽全身力气摆脱猛虎时，却陷入了另外的不如意，因为他跑到了悬崖边上，跑到了绝望的边缘，然而他并没有放弃求生的希望，奔向了悬崖边，他心里在暗暗地想着，如果悬崖下面有深涧，或许还能侥幸留住性命。

悬崖底下果然是一道极深的山涧，只不过水中隐隐约约还浮出几段枯木似的东西，漂浮在山涧里；可怕的是，那些状似枯木的东西都有着一口白森森的利齿，和尚看了个清楚，在山涧的水中，竟然有着一大群鳄鱼。

正当他思索着该如何处置眼前状况的同时，那只猛虎已然追到，倏地往前又是一扑，和尚没得选择，只能往山涧中一跳，手中稳稳地抓着悬崖边垂下的一根树藤，就这样让自己凌空悬吊在崖边。

和尚希望凭着自己的臂力，或许还可以支持一会儿，等到老虎失去耐心离去，可能还有一线生机。

这时候，悬崖边不知从哪儿冒出一黑一白两只老鼠，竟不约而同地啃食起和尚手中的那根树藤，眼看两只老鼠再啃上几下，树藤就要断了，和尚也将落入鳄鱼的口中。和尚望着那两只黑白老鼠，心中顿时醒悟，这两只老鼠岂不象征白天与黑夜，不断地在啃食人们的生命的剩余时光，而老虎、鳄鱼则是自己一直不愿去坦然面对的恐惧吗。在生命即将结束的这一时刻，和尚终于领悟，生命中最重要的，就是要让自己活在当下。就在这一瞬，老虎、鳄鱼、老鼠都不见了，和尚好端端地站在森林之中，脸上露出笑容，就在当下，成为一代大师。

出租车司机母亲的心脏病犯了，正在路上的他焦急地开车往家赶，不幸发生了车祸，送往医院的时候由于失血过多，断送了年轻的生命。此时，他的妻子正在给女儿做饭，听到这个消息，立时精神恍惚，急急忙忙地往医院跑，走的时候忘记了关煤气，家里失火，东西全烧没了，这就是祸不单行。灾难既然发生了，就要既来之则安之，把握当下。从容面对一切苦难，只要你能尽力去做，并努力养成习惯，那么冬天过去了，还愁春天不来吗？

莫让空虚伤了你的精神

生活中，有很多的人被各种各样的欲望、紧张、忧虑、焦躁所困扰，他们的内心不能宁静，没有办法快乐和开心地生活。既然不宁静、不快乐和不开心，那么就谈不上拥有什么品味生活。事实上，统计发现，生活中大部分的紧张是毫无必要的。

40%的担忧永远不会发生；

30%的忧虑涉及过去的决定，是无法改变的；

12%的忧虑集中于别人出于自卑感而作出的批评；

10%的忧虑与健康有关系，而越是担忧，问题就越是严重；

8%的忧虑可以列入合理的范围。

既然如此，为何你的内心不能平静呢？平静的心灵，可以使我们对生活有更多的信心。

有这样一个故事：

当阿勇还在医院当实习医师的时候，经常没日没夜地忙碌工作着。他为赶交报告，独自一人在空旷的办公室加班至深夜。每当夜深人静的时候，他的内心总是感觉十分的平静。他可以利用这个时间，想想白天工作时的一些案例，思考一下自己对工作以及生活的认识，同时更加能够清晰地把握自己工作的方向。

有一天深夜，阿勇在办公室研究一大堆资料及报表，当他正细心分析一个病人的病历时，突然听到一声叩门声。他当时以为是加班的同事找他有事情，但当他打开门时，却发现是陈笑宇，一个性格非常

忧郁的孩子。笑宇那时只有十八岁，几年来阿勇对这个名字一直很熟悉，因为笑宇是阿勇来医院的第一位患者。当阿勇问他，为什么凌晨两点还不休息而在外面游荡时，笑宇说：“只是想出来散散步，想一想事情。”阿勇请笑宇进屋，让他坐在沙发上，他们一边喝着咖啡一边聊天。

时间在一分一秒地流逝，他们两人分享着彼此的想法，一起感怀过去，畅想未来，包括谈及令他们恐慌的事、遭遇的困难。笑宇的话语中，明显地流露出他对生活的恐惧与焦虑的情绪状态。

他提到女朋友最近和他分手了，又提到他的课业不算理想，他想当老师，但他担心这样的成绩没有办法考上满意的学校，而且他的父母因为他的学业还吵了一架。他认为所有的这些都是他的错。他慨叹自己命运的悲惨。

阿勇耐心并且聚精会神地倾听着并时不时地给他鼓励，为他打气，希望他不要放弃学业，继续学习。并告诉他只要努力，一定会实现理想的，也谈到该如何正面迎战那些困难与挫折。他当时很受鼓舞，似乎身上充满了无穷的斗志与勇气。不知不觉中，时间到了凌晨四点，阿勇把笑宇送回了病房。

经过那夜之后，笑宇时常来阿勇的办公室与他交谈，并且会告诉阿勇他最近的生活状况，会不时地分享彼此对待生活的看法与感想。由于笑宇性格讨人喜欢，所以他与阿勇的同事也成为了好朋友。

在和笑宇第一次谈话后六个月，阿勇被调到别的医院实习，在调任两年后，阿勇接到一封毕业通知，是笑宇寄来的。

亲爱的李勇医生：

我非常感谢你在那个深夜对我的关心。也许你并不知道，那天

晚上我心情很糟糕，感到上天总是在捉弄我，我生命中发生的每一件事情，都是如此地不顺利，不知道昨天是怎样度过的，更不知道明天要如何去过，没有了生活的勇气与信心，想一死了之得了。就当我走在街上时，我看到你办公室的灯亮着，我决定去跟你谈谈话。那次谈话，以及你的细心倾听，让我感觉到生命中仍有许多美好的事物。是你教会我要勇敢面对生活，你所提到的那些选择和点子，对我都十分受用，即将高中毕业的我，已经申请进入一所大学就读，对我来说，实在没有比这更快乐的了。我知道在前进的路上，会有很多的阻力与困难，但我知道自己一定会克服重重困难，会带着希望与梦想乘风破浪，驶向那光辉胜利的彼岸。

阿勇认为，那夜的谈话只是再平凡不过的一件事了，根本就没有想到自己对笑宇的帮助会那样大。通过阿勇的故事，不由得让人想起卢梭曾经说过的一句话，他说："生活本身没有任何的价值，它的价值在于你如何去使用它。"

是呀，生活在人世中的每一个人，并没有很大的差别，只要相信每一个人身上都蕴藏着一种能量，包括由内而外地救助自己或者对其他人给予援助，这种能量就像是太阳一样，能够照耀到世界的每一个阴暗的角落。

如果你的心理足够平静，能够顶住最坏的状况与境遇，那么不开心的事情就如过眼烟云。同样，克服困难让你更加充满斗志地面对人生，也让你焕发出新的活力，给你的生活添彩。而那些不能面对生活窘迫状况的人，只会报怨生活对他的不公，同时不能够从现实中寻找原因，遇到棘手的事情性格就变得易怒、退缩。他们不会从灾难的生活中尽可能的自救，不但无法构筑自己人生的大厦，反倒是被困难

吓倒，陷入无底的深渊，无法自拔，使自己的精神逐渐走入空虚的境地，迷失了生活的方向。

打造心情的和乐之美

品味生活也应该是一种简约而美丽的生活。试想一个堆满杂物的房间，无论如何也不能很好地美丽起来。同样一个人拥有杂乱的心境，无论如何，也不能使心境好起来。所以，糟糕的生活也是糟糕心境的一种反映。只有摒除了内心毒草的人，才会拥有良好的生活。

某地的森林里长满了林林总总的树木，有的娇小，有的挺拔，有的古朴，有的参天，不一而足。它们都健康地生长在这方沃土上。森林里还居住着它们十分尊敬的树神，一片安静祥和的景象。一些到森林里来拾柴或采摘野果的人，都会得到树神的眷顾，使得他们能够在炎炎的夏日里躲开日光的照射，可以在树下乘凉，还能够喝到甘甜的泉水。直到一只鸟的到来，改变了这里往昔的宁静，它的嘴里有颗带毒的种子。这只鸟落到一棵大树上休息，种子掉落到地上，这个毒种子在沃土里以惊人的速度成长着。这时候，巨毒扩散开来，大树顷刻之间枯萎了，而且也将毒蔓延开去。所有的小树都向树神求救，树神在为大树悲哀的同时，也有些力不从心，因为他实在没有想到解决的办法，一阵恐慌向他袭来。如果再找不到解决的办法，或许在七天以后，这片森林便会消失得无影无踪。

就在树神百思不得其解的时候，突然间从空中传来一种声音，那个声音传达的意思就是树神苦苦思索的答案，它告诉树神，要解决问题必须从源头看，除去毒草的根就能救活整个森林。

这时候从远处隐隐约约走来一个青年人，于是树神化身为人身，

和青年人迎面走去。树神对年轻人说，这棵树下有许多的财宝，只要你把这枯树的树根挖出来，你就会得到财宝。年轻人听说有财宝后，马上迫不及待地挖起来。

当把树根全部挖除的时候，财宝一一呈现在年轻人的眼前，树神把财宝给了年轻人，年轻人高高兴兴地回到家里，大森林又恢复了往日的生机盎然与宁静。

可见，心情和乐的前提是摒除心中的毒根。只有割除了病痛的根源，才会健康永相伴。

一百个人就有一百种不同的活法，同样他们对品尝同一个鲜美的果子，也有着各自不同的感受。你可以，像诗人一样充满激情与浪漫，像僧人一样充满开悟与通达，像学者一样充满书香气息，像军人一样充满纪律，像老者一样审慎思考，像孩子一样欢歌笑语。

在久远的西方，一位富有智慧的人丢了马，朋友说你真是不幸，老人答道，这可未必呢？不久以后，走失的马又带回了一匹马回来，朋友说，你真是幸运呀！失而复得还变本加厉呢！老人答道，这可未必呢？老人的儿子骑马时，从马上摔下来，腿摔断了，他的朋友说，你真不幸，宝贝儿子的腿摔断了。智者回答，这可未必呢？经过了两个月，国家打了败仗，需要大量的士兵支援前线，于是那些健全的刚刚被征的兵都战死在沙场上，无一幸存。老人的儿子却躲过了征兵，依然健康地生活着。这个故事还可以继续讲下去，你感受到智者的智慧所在了吗？即使你的生活并不如意，你也要正视它，更不要想去躲避它，更别用恶言恶语去中伤它。一个人最富有的时候，也是他最贫穷的时候。无论你是什么样的人，首先一定要净化自己的精神世界、净化自己的心灵，才能达到心情的和乐、人生的美满。任何事情是好

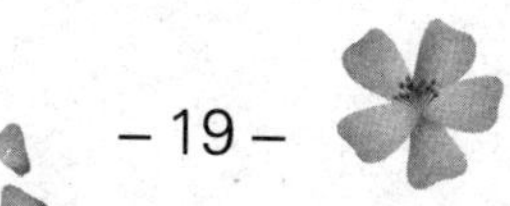

是坏并不知道，然而你却很清楚你的内心。它的平和它的快乐，会使你的人生更洒脱、自然、美好。

品味有意义的人生

上帝给每个人一杯水，于是，人们从里面体味生活。

当你刚刚来到世界上时，你的人生就好像是一杯清澈透明、无色无味的水，而正是因为有了生活的介入，这个杯子才变得丰富多彩，五味俱全。然而生命的总量是不会改变的，它始终是一个杯子，而生活是否有意义完全取决于你自己。

生活就像是一杯水，清澈透明，无色无味，对任何人都一样，接下来你有权利加盐或者加糖，只要你喜欢。生活中的人们，因为欲望，为了让自己的这杯水色香味俱全，在里面加了各种各样的作料。诸如：亲情、友情、爱情；金钱、工作、家庭；喜、怒、哀、乐、愁等等，所以每个人都觉得非常地累。当劳累到一定程度，也就是生活这只杯子的容量无法承载的时候，人生也就垮掉了。所以，当你向人生的这只杯子不时地加水或者加作料的时候，应该有选择地适当放入你的调料，生活才会有滋有味。所以有品质、高质量的生活，是人们对自己的生活有所选择和适度地把握结果。你要精神多一些；或者你要物质多一些；你要金钱多一些，或者你要快乐多一些，一切都在于你自己的均衡。均衡的最终结果是使你生活的这杯水更符合你自己的味道，你生活的这只杯子不破，这才是你理想的品味生活。

有这样一个女孩儿：“她对一切都漠不关心，做事情漫不经心，不喜欢学习，平时对于自己的着装也从不打理，甚至衣衫不整，一切事情都不能吸引她的注意。”是什么原因让她变成现在这个样子的

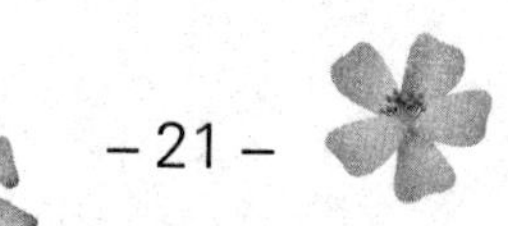

呢？这是一直困扰女孩儿妈妈的一个问题，最后她没有办法，只得向心理学医师求助。

女孩儿的妈妈对李医师说："先生，我弄不明白她是怎么回事。她如今都18岁啦，还这么不懂事。这可叫我如何是好？"

只见李医师微微地笑着说："给我和她一些单独相处的时间，可以吗？或许我能够找到她对一切提不起兴趣的原因。"

女孩儿的妈妈走后，李医师把小姑娘请进诊室，他细心地观察着小女孩儿的举动，她的衣服不整洁，头发和脸蛋似乎几天没有洗，但仍旧无法遮掩她的美丽，这份美是被她的漫不经心、无所事事给掩盖了。小女孩儿的心理年龄和实际年龄显然有着一定的差距。

当李医师与小女孩儿聊天的时候，她的头左顾右盼，满不在意的样子。医师细心观察的同时，静静地说着："孩子，你是个很漂亮、性格非常好的女孩儿，这些难道你不知道吗？"

只见小女孩儿的眼中闪现着惊奇的目光，脸上绽放出甜甜的笑容，并疑惑地向医师询问："真的吗？"李医师又坚定地说："我说你是个美丽可爱的女孩儿，性格也很好，你怎么就不知道自己拥有的这些呢？"

小女孩儿高兴得说不出话来，欣喜的眼泪从眼中溢出，脸上写满了喜悦，也许平时充塞她耳际的多是嘲讽与训斥，还有母亲的抱怨、指责。所以她才会一蹶不振，变成现在这个样子。

李医师继续说道："明天晚上我去听交响乐，你愿意同去吗？不过呢？你要打扮得干干净净、漂漂亮亮的。"小女孩儿十分高兴，开心地和妈妈回家去了。第二天晚上六点，小女孩儿准时出现在诊所门前。李医师打开房门时，竟有一刹那的讶异，甚至是震惊。只见小

女孩儿美美地来到了他的面前，一身白色的长裙将她衬托得如水中之莲，圣洁、高雅。晶莹剔透的眼眸光亮夺人，曼妙的身材楚楚临风，清秀的脸庞写满了天真，让医师简直认不出来了。她的一颦一笑、一举一动，她的文雅、自持、适度与之前那位邋里邋遢的形象有着天壤之别。当小女孩儿来到剧院时，她被那美妙绝伦的乐音所感染，坚定了她将来要当歌唱家的决心。从这以后，小女孩儿变了，她热爱学习，奋发向上，终于不负众望，成为了一名歌唱家。

也许你从小在一个孤儿院里长大，你也会有开心愉悦、骄傲满足的时候。阳光照耀在你的窗前像照在其他家庭一样的温暖、光亮；在你的门前，积雪也会慢慢地融化。一个对生活有着深刻感悟并充满热爱之心的人，同时也是一个幸福的人，你的人生将从此变得缤纷多彩。只要你热爱生活，是一个从容面对生活的人，只要你热爱生活，那么无论你在哪里都会像在皇宫中生活一样，开心快乐、心满意足。

对生活的热爱，对人们、对大自然、对一切美好事物的热爱，会使一个人转变、认识自己，从而努力对社会作出贡献。

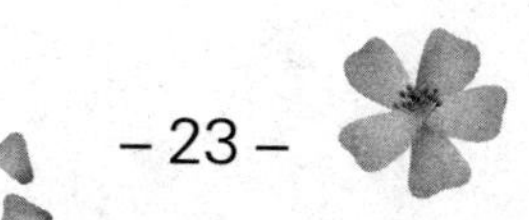

幸福是自己给的

偶尔会听到朋友这样说："为什么和他在一起我一点也不快乐呢？为什么他不能够给我应有的幸福？我真是看错了他，选择他，注定我的人生从此暗淡无光了。"请问，你的快乐是什么呢？你的幸福又是什么呢？

三国时期，国王带领王子出去打仗。虽然王子也曾经上过阵，但是国王总是从王子身上看到退缩与胆怯，他不希望自己将来的继承人如此懦弱，这样是不会治理好一个国家的。只听一阵战鼓轰鸣、号角吹响，国王庄严地托起一个箭囊，其中插着一支箭。父亲郑重地对儿子说："这是国袭宝箭，配带身边，力量无穷，但千万不可抽出来。"

只见十分精美的箭囊呈现在王子的面前，它是用牛皮打制，镶着幽幽泛光的铜边儿，再看露出的箭尾，一眼便能认定用上等的孔雀羽毛制成。儿子喜上眉梢，贪婪地推想箭杆、箭头的模样，耳旁仿佛有嗖嗖的箭声掠过，敌军的主帅应声落马。

果然，配宝箭的儿子英勇非凡，所向披靡。当收兵的号角吹响时，儿子再也禁不住得胜的豪气，完全忘记了父亲的叮嘱，强烈的欲望驱赶着他立刻就拔出宝箭，想看个明白。一瞬间他惊呆了。

是一支已经折断的箭，父亲竟然送他一支折断的箭。顿时，王子被吓出了一身冷汗，仿佛顷刻间坍塌的城池，失去了斗志。结果不言自明，王子惨死于乱军之中。拂开蒙蒙的硝烟，父亲拣起那柄断箭，

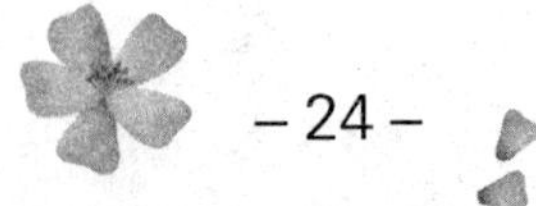

沉重地啐一口道："不相信自己的意志，永远也做不成国王。"

把胜败寄托在一支宝箭上，多么愚蠢，而当一个人把生命的核心与权柄交给别人，又多么危险！把希望寄托在儿女身上；把幸福寄托在丈夫身上；把生活保障寄托在单位身上……。一个人幸福不幸福，在本质上和财富、地位、权力没关系。

找到你感觉不幸福的因素，直面它，如果不能打败它，就要运用迂回的心理策略，淡化它、不在意它。要知道这就是你的人生，你必须真真切切、诚诚实实地面对它。只有自己才是你生命的主宰，不要把命运交付在别人的手中，人仅能活这一世，它无法倒流，所以无论什么样的生活，它都是独一无二的，非常有意义的，值得你好好去珍惜。爱人者人恒爱之，敬人者人恒敬之。直面生活很简单也很难。简单是因为一个人只要存在于世上，他就在生活；艰难是因为生活是一个万花筒，我们如何身处其中，不被迷惑，好好的生活很难。但是无论简单还是艰难，我们都得生活。有句诗"一样春风弄颜色，桃花含笑柳含愁"。同样是直面春天，桃花就笑，柳树就愁，桃花和柳树面对春天的状态，像是我们现实生活中的人们。既然无论如何都得生活，所以，我们要快乐，不要忧伤；可以舍弃暂时的享乐，追求长远的快乐。而且时间也不会因为你的不快乐、不幸福而为你驻足、为你停留。

人能够掌握的只有自己的思想，幸福是人内心的一种感觉，不要把自己的幸福寄托于他人身上。自己才是一支箭，若要它韧，若要它利，若要它百步穿杨、百发百中，磨砺它、拯救它的都只能是自己。

拥有阳光般的好心态

心态在我们每个人的生活中都有着很大的力量。看过这个实验后，你就会有所了解。

八个人参加一次心理测试，有个声音说：“你们走过这个曲曲弯弯的小桥，千万别掉下去，不过掉下去也没关系，下面就是一点水。”八个人听明白了，顷刻之间都走过去了。走过去后，一盏黄灯亮了，八个人看到，桥底下不但没有水，而且还有不计其数的毒蛇在蠕动着。八个人吓了一跳，庆幸刚才没掉下去。这时又有了声音：“现在你们谁敢走回来？”没人敢走了。声音说：“你们要用心理暗示，想象自己走在坚固的铁桥上。”诱导了半天，终于有三个人站起来，愿意尝试一下。第一个人心惊胆战地走了过去，走的时间多花了一倍；第二个人担惊受怕，走了一半再也坚持不住了，吓得跪在了桥上。这时所有的灯打开了，大家才发现，在桥和蛇之间还有一层网，网是黄色的，刚才在黄灯下看不清楚。几个人又很轻松地走了过去。只有一个人不敢走，原来这个人担心那网不结实。心态影响人的能力，所以心态好，生理健康，能力增强；心情不好，生理差，能力差。心态就具有这么大的力量，从里到外影响你。

生命的本质在于追求快乐，可有谁不知道要寻找快乐的时光呢？但问题是快乐在哪儿？谁不知道要躲避不快乐的时光，问题是不快乐的事情就像喝水一样，总是与我们保持亲密的关系，我们不可能躲开他。唯一的办法就是趋利避害。你要学会把一种好思想变成行动。

一次，神给饥饿的两个凡人各一个饼，第一个人接过饼说，就只有一个饼呀！而第二个接过饼的人却说，太棒了，还有一个饼呢！

当你改变不了一件事情本身的时候，就要改变一下对这件事情的态度，一个人因为发生的事情所受到的伤害不如他对这个事情的看法严重。

一位衣食无忧的老人，生有两个儿子。大儿子以染布为生，二儿子以卖伞为生，每天她都为这两个儿子发愁。

天空下雨时，就一定会为大儿子发愁，原因是大儿子不能晒布了；而天空晴朗时，就要为二儿子发愁，原因是天一下雨，她又担心二儿子的伞卖不出去。她整天闷闷不乐、愁眉不展，一天开心的日子也没有过上，还落得满身病痛，瘦骨嶙峋。有那么一个人对她说，把事情反过来想一下吧！当天下雨时，二儿子可以卖伞了，你就为他开心。当天空晴朗时，大儿子可以晒布了，你就为他开心。经过聪明人的开导，她天天笑口常开，健康也恢复了。

改变了态度就有了激情，有了激情就有了奋发向上的斗志，结果就会变化。

事物都有两面性，在人生中，生活幸福和事业成功的人士，很少看到消极的一面，他会把每一天都当做新生命的诞生而充满希望，尽管这一天也许有很多麻烦事等着他。他把每一天都当做生命的最后一天，十分珍惜。

品位美食

美食就是经过精心烹调，色香味俱全的菜肴，美食能刺激人的食欲，使人胃口大开。“美食精细以颐年”不是一种奢求，事实上是养生的需要。

生活的滋味和每天必不可少的饭菜一样，有辛有辣有苦有甜，只是人们对酸甜苦辣的爱好各有不同，但是现在人们普遍有一个相同点就是：饮食要健康！

孔子晚年饮食很讲究，有“八不食”的习惯，这“八不食”分为三类：一、色味方面：食物变颜色了不吃，变味了不吃。二、食物质量方面：粮食陈旧了不吃，鱼和肉不新鲜了不吃，不是新鲜的蔬菜不吃。三、制作方面：烹调不当的食物不吃，佐料放得不妥的饭菜不吃，从市场上买回来的酒和熟肉不吃。从现在的保健、饮食卫生观点来看，这“八不吃”，对饮食卫生的要求很全面，对现代人而言，也是一种有益的启发。

孔子还有句名言：“食不厌精，脍不厌细。”“食”指粮食，“脍”指切碎了的肉。这句话的意思是说，要多吃经过精加工的粮食，吃的肉切得越细越好。这是大有道理的。老年人的牙齿不好，肠胃的消化功能也大大减弱，食物太粗，肉不切细，没煮烂，便咬不动，会引起消化不良症。孔子晚年坚持了这一饮食原则，保证了营养的摄入，这是他长寿的重要保证。

吃出你的健康

说到健康，它最好的朋友就是饮食，然而它的最大敌人同样也是饮食。现代人对于饮食的追求，远远超越了填饱肚子的本意，健康食品已经变成人们餐桌上最热门的话题。于是人们抓住商机，制造出各种价格不菲的保健品。其实，真正的健康食品，又往往并非是这些在宣传中搞得如火如荼的产品。可以说，生活中真正的健康食品随处可见：

白开水

你也许经常在办公室里放上一杯矿泉水，也许你在家里常年引用纯净水，但是也许你并不知道，最适合我们的却是白开水。所谓白开水，即煮开后沸腾3分钟的水，盛放在有盖的干净容器中，冷却到25℃至30℃。这种水还被俄罗斯、美国及日本等国的科学家称为“复活神水”。因为这时水中的氯气及一些有害物质被蒸发掉，同时又能保持水中人体必需的营养物质。新鲜开水，不但无菌，还能提高脏器中乳酸脱氢酶的活性，使人很快消除疲劳，焕发精神。但是如果你忘记了水是什么时间烧的，一不小心喝了放置时间过长的凉开水或者是自动饮水机中隔夜重煮的水，就会有亚硝酸盐中毒的危险，这是你一定要切记的。

饮茶

茶叶中含有有益于人体健康的成分将近400种，如茶碱、黄酮类、鞣质、挥发油、维生素、微量元素、蛋白质等，含量均很丰富，有抗

癌抗衰老的作用。喝茶只吸收茶叶中的水溶性成分，不溶于茶叶中的成分被丢弃，因此，喝完茶再把茶叶吃掉更有营养。研究表明，吃茶叶对癌症有预防作用，茶叶中的黄嘌呤生物碱对呼吸系统疾病有一定治疗作用。

一年四季，喝茶也应分时节，因各人自身条件而异。可谓人有人品，茶有茶性：

春回大地，此时人体与大自然一样，处于舒发之际，宜喝茉莉、桂花等花茶。花茶性温，春饮花茶可以散发漫漫冬季积郁于人体内的寒气，促进人体阳气生发。

转入夏季，骄阳似火，龙井、毛峰、碧螺春等绿茶是最好不过了。因为此时饮绿茶消暑、解毒、去火、止渴、强心提神，既可消暑解热，又可增添营养。

待到秋高气爽的时节，天气干燥，乌龙、铁观音等青茶茶性适中，介于红、绿茶之间，不寒不热，适合秋天气候。

牛奶

在古代以美貌著称的埃及艳后，因为牛奶浴而愈加出落得沉鱼落燕、倾国倾城，让很多欧洲女贵族们争相效仿。

牛奶所具有的神奇润肤功效，成就白皙柔嫩肤质。牛奶性质温和，敏感性皮肤和婴儿的幼嫩肌肤也适合使用。牛奶中丰富的营养成分，可以全方位改善肌肤。牛奶中的优质蛋白所包含的氨基酸可使肌肤充满弹性、光泽照人；牛奶中的酶类可促进肌肤表面角质的分解；牛奶中的钙质可将粗糙的肌肤一网打尽，换作细腻平滑的肌肤；牛奶中的铁可促进肌肤新陈代谢，让肌肤白里透红；牛奶中的钾有强大锁

水功效，可以预防肌肤干燥和干纹；牛奶中的各种维生素集中对抗干燥、皱纹，使肌肤焕发出年轻光彩。

豆浆

豆浆更适合肥胖人群，对肥胖人群来说，喝豆浆比喝牛奶更有利健康，因为大豆血糖指数为15%，而牛奶为30%。但对于处在生长发育时期的宝宝，他们对脂肪的需求量还是很大，不建议用豆浆代替牛奶给宝宝喝，最好牛奶、豆浆都喝。

在亚洲黄种人中有70%的人不吸收乳糖，而豆浆含寡糖，它100%被人体所吸收。豆浆还可以增强宝宝抵抗力。豆浆含丰富的不饱和脂肪酸、大豆皂甙、卵磷脂等几十种对人体有益的物质，这些物质具有增强宝宝免疫力的功能，此外，豆浆里还含有5种抗癌物质。

水果

天下之大，无果不有，赤橙黄绿青蓝紫，这天下美女如云，美果亦如云！

苹果味甘，性凉，具有止泻、通便、助消化等作用，常食可使肌肤白嫩。凡中气不足，精神疲劳者可做滋补食品。但摄入过多会有损心、肾健康。冠心病、心肌梗塞、肾炎及糖尿病患者均不能多食。

香蕉含有一种特殊的胶体物质，它能刺激人体大脑神经系统，使人产生积极、乐观的情绪。因此，人们把香蕉称为“快乐水果”。香蕉中富含钾离子，可以帮助维持正常的血压和心脏功能，起到预防心脏病发作、降低中风的危险、预防心律不齐的功效。畏寒体弱和胃虚的人不适宜吃香蕉。

草莓是维生素C的良好来源，人们将其誉为“活的维生素制剂”、

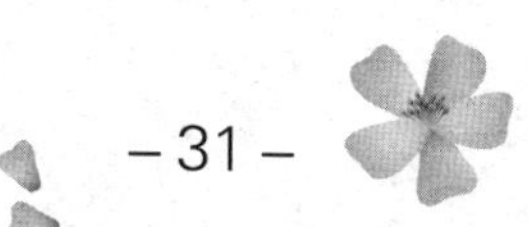

"活的矿物质制剂"。饭后食几颗草莓，有消化、开胃、健脾、生津的功效。近年来医学发现，经常食用草莓对防治动脉硬化和冠心病也有良好的效果。

菠萝对肾炎水肿、高血压、支气管炎有疗效。但临床发现有些人吃菠萝后会引起过敏，俗称"菠萝病"或"菠萝中毒"，严重的会突然晕倒，甚至会出现休克等症状，有菠萝过敏史者忌吃。

柑橘有化湿去痰、解毒止咳、健脾开胃、理气润肺、醒酒止痢的功效。可以治疗腰痛乳痈等症。柑橘，含有类似维生素P的橙皮甙物质，能降低毛细血管通透性，防止毛细血管破裂，预防动脉粥样硬化和高血压病。患有高胆固醇血症的人，经常食用一些柑橘，可降低血清胆固醇。

秋梨具有止咳、化痰、润肺等作用，长期便秘的人应多吃梨，可预防便秘及消化性疾病。由于通便的作用，梨间接起到预防结肠癌和直肠癌的功效。但脾胃虚寒的人不宜多吃。

五谷杂粮

历代养生家一直提倡健康的饮食需要"五谷为充、五果为养"，也就是说人体每天必须摄入一定量的主食和水果蔬菜。五谷包括稻谷、小麦、黄豆、玉米、高粱等谷物。可是，现代都市人的主食消费量越来越少，这给健康带来了一定的隐患。

每个健康成年人每日粮食的摄入量以400克左右为宜，最少不能低于300克。即使在减肥期间也不能不吃主食。此外，适当摄入一些能够益肾、养血、生发的食物，如芝麻、核桃仁、桂圆肉、大枣等，对防治脱发还会大有裨益。

品味无处不在的健身

提到体育运动，人们就会想到走、跑、跳、蹦。其实运动无处不在，只要掌握正确方法，坐着也能健身。

椅子健身

全身放松，上体直立坐于椅上，双臂自然下垂，头部先前倾，后仰、左右转倾，再从右至左转动一圈为一次，第二次反方向转动，各转三次；双臂伸向体后，十指交叉，掌心向外，两臂尽量后伸，胸部展开，该姿势静力保持3～5秒；人坐在椅子前端，两腿屈前伸支撑两手撑扶椅座两侧，尽量伸展腰部和扩展胸部；正坐在椅子上，扭转上体，先向左转再向右转，各转10次，转动幅度要大；坐在椅上，双手抱单腿屈膝，使大腿贴近胸部，停留片刻，放下再换另一条腿，各抱5～10次。正坐在椅上，两眼目视前方，双手抓扶椅座，两腿伸直向上抬起与地面平行，脚尖绷直，停留3～5秒腿放下，然后再继续举腿，做5～10次。锻炼者可以利用空闲时间每天做1～2次，如果能6种方法一起进行效果将更佳。

椅子健身虽然简单，但能起到舒解放松的作用，尤其适合长期伏案工作者，它能使长时间伏案低头、弯腰弓背的紧张状态得到放松，消除局部疲劳，而且椅子健身适应范围广，如家里、办公室等。

办公室内的健身术

办公室内的职员，经常久坐工作，造成大脑的氧和营养供应不

足，易引起头昏、乏力、失眠、记忆力减退等症状。使患心脏病和肺部疾病的机会增多。使腹部肌肉松弛，腹腔血液供应减少，胃肠蠕动减慢，各种消化液的分泌减少，从而引起食欲不振、腹胀、便秘等。

为了身体健康，更好地工作，办公室内的工作人员应因地制宜，加强健康运动：

1.梳头：用手指代替梳子，从前额的发际处向后梳到枕部，然后弧形梳到耳上及耳后。梳头10～20次，可改善大脑血液供应，健脑爽神，并可降低血压。

2.弹脑：端坐椅上，两手掌心分别按两只耳朵，用食指、中指、无名指轻轻弹击脑部，自己可听到咚咚声响。每日弹10～20下，有解除疲劳，防头晕、强听力、治耳鸣的作用。

3.扯耳：先左手绕过头顶，以手指握住右耳尖，向上提拉14下，然后以右手绕过头顶，以手指握住左耳尖，向上提拉14下，可达到清火益智、心舒气畅、睡眠香甜的效果。

4.练眼：在做视力集中工作时，每隔半小时，远望窗外一分钟，再以紧眨双眼数次的方式休息片刻，也可作转眼珠运动。这样有利于放松眼部肌肉，促进眼部血液循环。

5.脸部运动：工作间隙，将嘴巴最大限度地一张一合，带动脸上全部肌肉以至头皮，进行有节奏的运动。每次张合约一分钟左右，持续50次，脸部运动可以加速血液循环，延缓局部各种组织器官的“老化”，使头脑清醒。

6.转颈：先抬头尽量后仰，再把下颌俯至胸前，使颈背肌肉拉紧和放松，并向左右两侧倾10～15次，再腰背贴靠椅背，两手颈后抱拢片刻，能收到提神的效果。

7.伸懒腰：可加速血液循环，舒展全身肌肉，消除腰肌过度紧张，纠正脊柱过度向前弯曲，保持健美体型。

8.揉腹：用右手按顺时针方向绕脐揉腹36周，对防止便秘、消化不良等症有较好效果。

9.撮谷道：即提肛运动，像忍大便一样，将肛门向上提，然后放松，接着再往上提，一提一松，反复进行。站、坐、行均可进行，每次做提肛运动50次左右，持续5～10分钟即可。提肛运动可以促进局部血液循环，预防痔疮等肛周疾病。

10.躯干运动：左右侧身弯腰，扭动肩背部，并用拳轻捶后腰各20次左右，可缓解腰背佝偻、腰肌劳损等病症。

居家地板健身运动

拥有紧实的大腿：侧卧在地板上，上腿曲膝并采在地板上，保持身体前后平衡，下腿伸直放松时至于地板上，用力时上抬并配合吐气。

预防腰痛及臀部训练：仰卧躺在地板上，弯曲膝盖，两脚分开与腰同宽，双手放在身体两侧，开始吸气。一边吐气，一边让臀部用力，来抬高腰部。切记在臀部落下时，不能接触地板。

体侧腰部运动：身体侧坐，单手扶在脑后，另一手置于体侧，吸气。一边吐气，一边抬高脑后手臂的手肘，使体侧部位伸直。本动作可以伸展体侧两边的肌肉，使腰部变细。

腹部运动：平躺在地上或床上，双腿并拢抬高，与地面大约成45度，双手扶在脑后，运用腹部的力量将头部及肩膀抬起，同时双腿并拢向内缩，让头部与膝盖尽量触碰在一起。这个动作可以有效消除腹

部赘肉，缩紧上腹部和下腹部的肌肉。

举手投足皆健身

结合生活中的各种活动去进行相应的健身锻炼，既节省时间，又避免了激烈运动带来的伤害。

早晨醒来时候，先揉揉眼，搓搓脸，向后手梳头发，然后再把枕头垫在背后，两手向后伸直并伸展身体，做仰卧起坐3次。躺在被窝里伸个懒腰或把腹部往上挺几挺，还可翻身趴起来，像猫儿“长身”那样用力拱拱腰，使腰背和四肢的肌肉尽量伸展一下。

穿衣服时，两手在背后相握，伸直手时的同时挺胸；上半身自然下垂，两手左右摆，同时腰部向左右扭转；两手抱头将头部下压，同时吐气，抬头时吸气。

穿好裤子做快速深蹲，两脚开立，与肩同宽，下蹲和起立时挺胸直腰，两手平举，两腿均匀用力，蹲要蹲到底，起要起得快。开始时轻跳几次，然后可换为原地连续轻跳，这样，既增强了腿部力量，同时还锻炼了心脏，提高心肺功能。

起床后做10次俯卧撑，100次原地踏步高抬腿。甚至贴墙做倒立，这样既可增强上肢力量，还能促进血液循环。

洗脸刷牙时可以做顶部及上体的回转运动，体侧运动，双手向下尽力做屈伸运动，不断蹲下再站起的膝关节屈伸运动。

上下楼更是一种很好的健身锻炼，上楼兼有走和跳的两方面力量，不仅使髋关节的活动度增大，下肢肌肉得到锻炼，而且能使全身的肌肉增强活动，能量消耗加大。经常上下走楼梯，能锻炼心脏，会使身体消瘦而变得苗条。

晚上临睡前，还可在床铺上做些仰卧起坐、俯卧撑，或进行四肢、腰背、腹部的按摩，还可搓搓脚心，以降虚火，补肾明目，减轻一天工作的疲劳。

第二章
品味自己，让爱做主

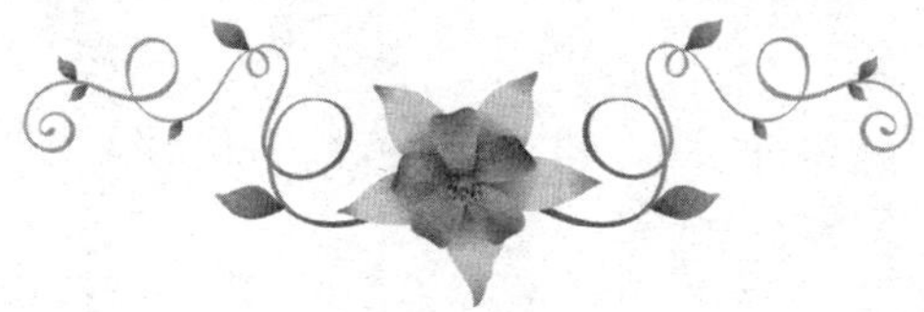

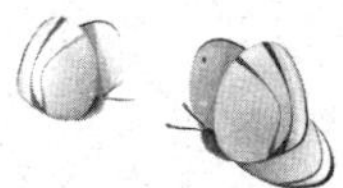

你是否会偶尔地假装坚强？

你是否会时常用微笑伪装？

你是否会厌倦了时常勇敢？

你是否会习惯了偶尔惊慌？

带着现实中种种的疑问，慢地去品味！！！

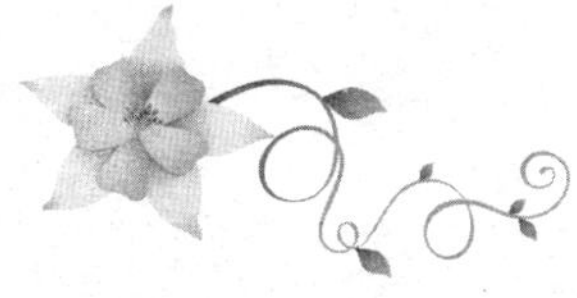

让爱做主

爱是一种概念，也是一种感觉，更是一种幸福的信仰。爱是这个世界上最神奇、最伟大的力量，它能温暖一颗冰冷的心，它能拉近人与人之间的距离，它能让我们体味久违的感动，它能创造奇迹。爱也是人世间最美好的情感。爱的力量是伟大的，因为有的时候它能够创造奇迹。

一位年轻的少妇下班回家，当她就要到家时，她习惯性地看了一下三楼自家的阳台，出乎意料的是，她看到了宝贝儿子。而与此同时，小宝宝也正在阳台上等待着妈妈回来，当他看到妈妈时，开心地在阳台上手舞足蹈地向妈妈招手，少妇也下意识地招手。突然，少妇意识到这样可能会有危险，但已经晚了。儿子由于要迎妈妈，身体前倾，突然失去平衡，从阳台上掉了下来。

这时，房间里的人惊呆了。再看这位年轻的少妇，当她发现儿子掉下来，就奋不顾身地去救儿子，也许是她感动了上帝，儿子被她接住了，安然无恙。人们都觉得很奇怪，一个少妇怎么跑得那样快，并能接住自己的儿子？因为按当时少妇跑的速度，应该已打破了百米世界纪录。

后来人们找百米世界冠军做了一个试验：同样的距离，从阳台上掉下同样重量的物体，看能否接得住。结果是，无论如何也接不住了。然而她却做到了，这是因为她的心中有一份爱，是爱让她变得拥有了奇迹般的冲刺速度。

保持自己的本色

因为很少有人能够做到保持自己的本色，所以能够诚实面对自己的人是最勇敢的。外在的绚烂、繁华会显得空虚，不如选择自己真正想要的生活。做真正的自己，才能创造自己的未来，保持自己的本色是最美的。

有一个模特公司的经纪人，他的名字叫安德森，他在无意间看中了一位不讲品位、不拘小节、不施脂粉的大一女生。

她来自美国伊利诺州一个蓝领家庭。她长相甜美，可是偏偏有一颗触目惊心的大黑痣长在她的唇边。这位大一女生不懂时尚，不好接触关于时尚方面的书籍或杂志，也从不化妆，要是谁与她谈论时尚方面的话题，简直是比牵牛上树还要难。当夏天一到，她会利用假期时间和朋友一起去打工。她们去玉米地里摘玉米穗，用来赚取她的学费。经纪人一心要将这位带着田野玉米气息的女生介绍给经纪公司，结果一次次地遭到了公司的拒绝。那些公司人员说她粗野、恶煞，各种理由纷纭杂沓，然而人们都心知肚明，被拒的原因归根结底，是唇边的那颗大黑痣。安德森要把女生及她那颗大痣捆绑着推销出去，于是他给女生做了一张合成照片，然后小心翼翼地把大痣隐藏在阴影里，然后拿着这张照片给客户看，客户都非常满意，希望马上见到真人，可是当女孩儿一来，客户就发现了她脸上那颗大黑痣，他们都要求女生去做手术，还说激光除痣手术很简单，无痛且省时。可是女生却说：“去你的，我就是不拿。”当时安德森有种奇怪的感觉，他坚

定不移地对女生说，你千万不要摘下这颗痣，将来你出名了，全世界就靠着这颗痣来识别你。

果然这女生几年后红极一时，她就是辛迪克劳馥。接受真实的自己，同时展示出最真实的自己。有几大原则应该遵守：

1. 不做作，保持自己的本色。

不要为了随从别人而盲目地去迎合某人，也不要因对象场合的变化而抛弃了自己内在的特质。一个真正懂得与人相处的人，会保持真实的自我，这当然不是为了标新立异，一切都显得格格不入，甚至还把明明自己做错的事情认为是对的，这不是区别于他人的独特健康的个性，一个人内在的气质是最宝贵的。

2. 千万不要不懂装懂。

平时要保持谦虚的处世态度，对于那些自己并不清楚也没有接触的事情，不要乱加评论，因为不懂装懂是十分令人厌烦的一件事情。特别是在长辈、知识广博的人面前，更不要施展不懂装懂的小伎俩，那样会贻笑大方的。

3. 对于自身的缺陷不要去掩饰。

皮肤黑黑的女士，如果涂上一层厚厚的白粉掩饰，容易让人产生粗俗不堪的印象。真实首先就体现在外在形象上，适当的掩饰是可行的，但过分的掩饰反而适得其反。如果太过计较，难免跌入自卑。忘掉自己的缺陷，看到自己的长处，培养多方面的兴趣和爱好，把精力集中在更有意义的活动中，这便是最好的办法。

4. 不要否认自己的过错。。

有些人明明知道自己错了，却硬着头皮不认账，甚至还要为自己强辩，致使矛盾得不到解决，彼此的隔阂不能消除，相互之间的交

往是谈不上了，还让人觉得此人蛮不讲理，像个无赖之徒。“人非圣贤，孰能无过？”如果你错了，就很快地、很真诚地承认。这样，你获得的友谊将使你分外满足。

5. 表达真诚的技巧。

（1）真诚的眼睛：坦荡如水，平静地注视，不用躲躲闪闪或目光垂下不敢直视。

（2）真诚的举止：自然，大方，从容不迫，举手投足一副安然之态。

（3）真诚的微笑：如一缕温馨阳光，充满暖意。皮笑肉不笑，故意挤出的笑，都缺少真诚。

（4）真诚的称赞：称赞别人要发自内心，是心灵之语，否则就属于奉承的范畴了。

（5）真诚的握手：握手是否显得真诚在于握手的轻重。握得太重，可能是想表示热忱或有所求。握得太轻，会显得有些轻视对方，或者自己是有严重的自卑。恰到好处的握手，是大方地把右手伸出去，手掌和手指全面地接触对方的手。

发现你优雅的美

优雅与幽默，对于任何人来说就像蒙娜丽莎的微笑一样，是一种恒久的美。一种文化教养外化为一个人的优雅，让人赏心悦目；同时从一个人的幽默中也可以品味他独特的智慧。优雅之树要深扎在文化与经济的沃土里才枝繁叶茂；幽默之铃要挂在浪漫的马车上，才更有悦耳的叮咚。

当优雅成为一种自然的气质时，女性就会显得成熟、温柔；男人就会显得浪漫、迷人。当幽默代表你的性格时，你便已经把握了自己的人生。优雅和幽默都暗含着一种对世俗的抗争。

优雅和幽默也是夫妻间凝聚婚姻的粘合剂。而遗憾的是，两性间的良好表现似乎多是在初恋和婚外恋时才发挥得淋漓尽致。而在合法的婚姻中，却常常被油、盐、酱、醋、茶搅得索然无味。幽默的男人是要有个人修养、文化底蕴、综合素质为基础的，而优雅的女人，谁又能够说她不智慧呢？不是漂亮女人就一定优雅。天底下，漂亮的白痴数不胜数呢。幽默的男人需要智慧、学识、反应灵敏等，比如有事业心的男人，就是幽默男人。不是有钱的男人就一定幽默，也不是学历高的男人就一定幽默。天底下，有钱的、高学历的傻瓜多着呢。不过，女人的优雅也好，男人的幽默也罢，都是后天积累的。人生能拥有一个优雅的女人是男人的福气，能拥有一个幽默的男人是女人的造化。优雅需要一种环境，女人总是里里外外地装扮和收拾房间、打扫卫生、洗衣煮饭，你让她怎么优雅得起来？幽默需要一种意境，男人

们总是在工作和社交娱乐中忘记了回家的路。他们在外面举止洒脱，谈吐幽默，而面对自己的妻子总是横眉冷对，这种幽默对婚姻、对家庭又有何益呢？发现你的美，发现你的幽默与优雅。

讨论会上，当著名的演讲家走进会议室时，他面对着会议室里的二百多人一句话也没有说，而是不紧不慢地从钱包里拿出一百元钱并高举着。这时候他问参会人员："你们谁想要这一百元钱呢？"只见下面一只只手举了起来。演讲家又接着说："我打算把这一百元送给你们其中的一位，但是在这之前，请准许我做一件事。"他说着将钞票揉成一团，然后问："谁还要？"仍然有人举起手来。他又说："那么，假如我这样做又会怎么样呢？"他把钞票扔到地上，又踩上一脚，并且用脚碾它。而后，他拾起来钞票，钞票变得又脏又皱。"现在谁还要？"还是有人举起手来。"朋友们，你们已经上了一堂很有意义的课。无论我如何对待那张钞票，你们还是想要它，因为它并没有贬值。它依旧价值一百元。"人生的路上，在生活中，我们会无数次被自己的决定或者碰到的逆境搞得焦头烂额。但是无论发生什么，或者将要发生什么，我们永远不会丧失价值，我们依然是无价之宝。我们是独特的，永远不要忘记这一点。我们生活的信心和人生的意义就是因为我们在这个社会上有着独特的自身价值。

如果在一堆沙子当中，你是一颗珍珠，那么黑暗因你的存在而光明，你的人生就光明。发现你的美，首先要肯定自己的价值。

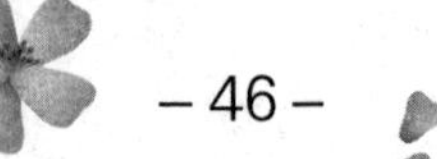

新懒人哲学

只要你对生活留心，就不难发现，在你的周围就有这样的一群人，他们看起来并没有你的生活那样忙碌，从来不早到单位也不推后离开单位的时间，遇到了问题从来不走极端、钻牛角尖，更不会对别人提出过分的要求，同时对自己要求也不是很严格，在平淡看待欲望的同时生活得随性，追求洒脱自由及超脱。在你的眼里，他们似乎显得慵懒了一些、轻松了一些、散漫了一些、不思进取了一些。但他们自己却有着独特的见解，他们会认为这样的懒并不是拖延、没有目标、没有效率、养尊处优、好逸恶劳，而是一种开心、愉悦、放松、高品质的生活方式。所以，把这类人定义为“新懒人”。

前不久，看过一则新闻，报道的是首届“懒人大会”的举行。这次大会是在意大利北部的一座山下举行的，虽然大会用时仅仅半小时，却有着深刻的现实意义。大会提出的口号是：“什么都不做，闲呆！”与此同时还向参会者推荐了一种减压方式，称其为“极大的平静和绝对的放松”。

然而却不谋而合，在世界的另外两个城市也有着同样的主题活动，活动的目的不言而喻，给人减压。在美国，是以“收回你的时间”为题的活动，意在为民众减压的同时，倡导民众过一种悠闲的生活。在中国的香港，是以“我懒我快乐”、“人生得意须尽懒”为口号展开活动的。

这是为大家所知的，那么，应该还有大家不知道的同样的主题活

动，在世界的各个角落举行着，为什么减压成为了所有人关注的共同话题呢？非常引人深思。

或许，改变劳碌社会的不健康状况，对于几个人的力量来说，似乎显得有些苍白无力，但是它却鲜明地提出了一个口号，阐释了一种哲学。“因为我懒，所以我快乐”的懒人哲学，它的鲜明在于它有着一种个性的态度，对于懒人来说，他没有控制社会的能力，但是他却能够控制自己的欲望。一个能够控制自己欲望的人，无疑也是个意志坚定的人。喜剧作家范托尼说过：“懒人的最高境界，是以智慧寻求事半功倍的捷径，并在滚滚红尘和有限时光中争取健康长寿。”一个有着超凡脱俗的心理境界的人，他能够从缤纷多姿的动态世界中体会它的静态之美，也能够从忙忙碌碌的生活中体会它的怡然自得，虽然身处喧闹的氛围之中，却能够拥有自己内心的平静，练就这种本领需要从修炼心性上下工夫。

“懒人主义”本着简洁的理念、率真的态度，从容面对生活，探究删繁就简、去伪存真的生活与工作技巧，反对拼命工作、卖力挣钱，也反对“比学赶超”的狂热消费，其追求目标是清新、单纯、自然、健康的新生活。

快快加入“新懒人”的行列吧！

开始一次单身旅游

你是否渴望在阳光明媚的海滩上晒晒太阳，吹吹海风？你是否渴望凝视连绵的群山，极致的风景，甚至与濒临灭绝的野生动物四目相对？你是否渴望去体验别具风情的异域文化、建筑和艺术，渴望去一切给她们机会拓展视野的地方？在节奏欢快、既充满紧张又十分忙碌的都市生活中，时间久了，会有一种孤独、冷清的感觉，就想找到一个陌生的地方，让紧绷的神经得以松弛。不妨抽出一点时间让自己全身心地放松，那么就开始一次单身潜逃吧！去体会一种回归自然的快感。

国内不可不去的十个地方：

一、布达拉宫、大昭寺

提到西藏，你的第一感觉是什么呢？神秘，遥远，令人向往。有很多痴男怨女在那里记录下爱的誓言，也有很多人用朝圣者般的心情虔诚膜拜，你用什么样的心情去感受它呢？

布达拉宫与大昭寺是集行政、宗教、政治事务于一体的综合性建筑。它由白宫和红宫及附属建筑组成。优美而又独具匠心的建筑，华美绚丽的装饰，与天然美景的和谐融合，在历史和宗教特色之外平添几分风韵。大昭寺建造于18世纪的罗布林卡，是一组极具特色的佛教建筑群。是达赖喇嘛的夏宫，也是西藏艺术的杰作。它们坐落在拉萨河谷中心，海拔3700米的红色山峰之上。建筑群风景优美，建筑创意新颖。加之它们在历史和宗教上的重要性，构成一幅和谐、富有装饰

艺术之美的惊人胜景。

二、西安

百年中国在上海，千年中国在北京，三千年中国在西安。它与雅典、罗马、开罗并称为世界四大古都。如果把中华民族的文明史比作一部精彩的历史剧，那么这部戏剧的一半都在西安上演。这里弥漫着丝路文化的芳香，放射出佛教艺术的光彩，回荡着乐舞盛大的欢腾。同时它也是世界上第一个人口过百万的城市、世界史上最大的大都会遗址。

三、长城

一统天下的秦始皇，修建长城的目的只是用以抵抗来自北方的侵略。约公元前220年，修建了一些断续的防御系统，后来长城又继续加以修筑（明代1368至1644），因而长城成为世界上最长的军事设施。它在文化艺术上的价值，足以与其在历史和战略上的重要性相媲美。

四、故宫

它是明清时代中国文明无价的历史见证。它以园林景观和容纳了家具及工艺品的9000多个房间的庞大建筑群，紫禁城是五个多世纪最高权力的中心。

五、曲阜孔庙、孔林、孔府

曲阜的古建筑群之所以具有独特的艺术和历史特色，应归功于两千多年来中国历代帝王对孔夫子的大力推崇。孔子是公元前6世纪到公元前5世纪最伟大的哲学家、政治家和教育家。孔夫子的庙宇、墓地和府邸位于山东省的曲阜。孔庙是公元前478年为纪念孔夫子而兴建的，千百年来屡毁屡建，到今天已经发展成超过100座殿宇的建筑群。孔林里不仅容纳了孔夫子的坟墓，而且他的后裔中，有超过10万人也葬在

这里。当初小小的孔宅如今已经扩建成一个庞大显赫的府邸，整个宅院包括了152座殿堂。

六、莫高窟

莫高窟有492个小石窟和洞穴庙宇，地处丝绸之路的一个战略要点，它不仅是东西方贸易的中转站，同时也是宗教、文化和知识的交汇处。它以其雕像和壁画闻名于世，展示了延续千年的佛教艺术。

七、泰山

泰山一直是中国艺术家和学者的精神源泉，是古代中国文明和信仰的象征。庄严神圣的泰山，两千年来一直是帝王朝拜的地方，其山中的人文杰作与自然景观完美和谐地融合在一起。

八、丽江古城

古城的建筑历经无数朝代的洗礼，饱经沧桑，它融会了各个民族的文化特色而声名远扬。古城丽江把经济和战略重地与崎岖的地势巧妙地融合在一起，真实、完美地保存和再现了古朴的风貌。丽江还拥有古老的供水系统，这一系统纵横交错、精巧独特，至今仍在有效地发挥着作用。

九、承德避暑山庄

避暑山庄不仅具有较高的美学研究价值，而且还保留着中国封建社会发展末期的罕见的历史遗产。位于河北省境内，修建于公元1703年至1792年。承德避暑山庄与周围寺庙是清王朝的夏季行宫。它是由众多的宫殿以及其他处理政务、举行仪式的建筑构成的一个庞大建筑群。建筑风格各异的庙宇和皇家四林，同周围湖泊、牧场和森林巧妙地融为一体。

十、秦始皇陵兵马俑

那些略小于人形的陶俑形态各异，连同他们的战马、战车和武器，成为现实主义的完美杰作，同时也保留了极高的历史价值。秦始皇，殁于公元前210年，葬于陵墓的中心。在他坟墓的周围环绕着那些著名的陶俑。结构复杂的秦始皇陵是仿照其生前的都城——咸阳的格局而设计建造的。于1974年被发现。

如果有钱有闲还可以同时领略一下异国风情，国外旅行的十个首选城市：

一、巴黎

巴黎就是雅典、罗马、耶路撒冷所有的文化的缩影。巴黎是一座无与伦比的城市，将古典意蕴与现代潮流无比完美地融为一体。巴黎是宇宙的同义词，凡是到过巴黎的人都以为见到了历史的全部内幕，以及幕上偶现的天色和星光。一个多棱角水晶体，从每一个侧面和每一个角度来看它都是不同的。巴黎经历的太多，巴黎拥有的太多，需要我们去解读的也就更多。一座浪漫之都。

二、雅典

雅典卫城则是希腊的眼睛，是尘世间每一个追梦者的精神栖息地。在世界文明史上，雅典是一段飘动的神话，这里曾是整个世界的思考中心，是哲学、艺术和神灵共同所在。西方哲学、民主政治、奥林匹克、《荷马史诗》……，每一个名词都在人类灵魂最深处打下了烙印。

三、罗马

曾势不可挡地将整个南欧、北非及中东一带统统纳入其版图，使偌大的地中海成为了帝国的内湖，即使今天的断壁残垣、荒墟废迹同

样具有一种巨大的震撼力。永恒之城，普世之都。因被誉为“A real man”（一个真正的男人）的恺撒大帝的存在，而使罗马展露出大气磅礴的雄性化风格。

四、亚历山大

给了埃及无数恩典的尼罗河于此找到了最后的归宿——蔚蓝的地中海。以人类第一位“世界征服者”亚历山大大帝之名为名，被誉为地中海的新娘。

五、耶鲁撒冷

十八次被夷为平地，屡受破坏与备受崇敬统一在一起。信仰的发源地、信徒眼中的世界中心，犹太教、伊斯兰教、基督教的信徒共同奔赴的地方，充斥着恐怖、战争和血腥。几千年来，这个美丽的城市承载着荣耀、辉煌、敬畏，以及疼痛、苦难和哀愁，它无疑是人们追思过去、汲取灵感和焕发激情的最佳去处。

六、巴塞罗那

在艺术史上，巴塞罗那是个光彩夺目的名字，它孕育了众多的艺术家，成为世界前卫艺术的“麦加”。列夫·托尔斯泰出生、成长、生活及长眠的地方，托翁的文学创作、他的生命都寄于巴塞罗那地中海西岸最有生机和令人兴奋的城市，素有“伊比利亚半岛的明珠”之称。很难想象有这样一个城市可以将古典与现代、文化与自然如此流畅地水乳交融，热情奔放的巴塞罗那人和浓郁的文化氛围是这个城市的灵魂。

七、莫斯科

一位诗人说：“用理智难以理解莫斯科。”作为英雄之城、革命之邦、滋生艺术的沃土，这里齐集了除圣彼得堡外整个俄罗斯的精

华。近代俄罗斯以莫斯科为中心兴起和发展，谁入主莫斯科克里姆林宫，谁就主宰俄罗斯的国运。认识了莫斯科，便了解了俄罗斯。

八、佛罗伦萨

这里堪称伟大的文艺复兴时代留给今天的独一无二的标本。这里的古迹似乎已经有了先贤圣手触的温暖和灵逸，尽管它不是意大利最辉煌与华丽的城市，但将永远赢得全世界对它的景仰与崇拜。只要让人一想起就充满激情与感动的城市，它还有个富于灵性的名字——“冷翡翠”。一个个令人敬畏、须得仰视的名字因智慧和灵性而闪耀着夺目的光彩。

九、伦敦

它是古老传统和现代文明的奇妙混合，渗透着古色古香又散发出青春的气息。万城之花、雾都，以其悠久的历史、灿烂的文明、斑斓的色彩、雄伟的风姿，屹立于世界名城之林，是历代王朝建都之所在。日不落帝国的心脏似乎永远有力地跳动着。

十、费城

1776年，13个州的代表在这里通过了气壮山河的《独立宣言》，从此，费城作为合众国的摇篮载入了美利坚的史册。因而有人说，先有费城，后有美国。“费城”这个名词代表了美国的第一个首都、独立厅、自由钟、英国三明治、种族融合、戏院、鲜活的古典音乐以及充满生命活力的街道。在美国人的心中目中，费城是美国和美国民主的诞生地。

此外，还可以去找家野外探险俱乐部报名野营；倘若是那种挑战生存极限的，除帐篷、睡袋外只可以带一把刀、一盒火柴、一点干粮等简便行李的徒步旅游，就更刺激了。

人与自然的亲密接触，远离寂寞与孤独给人带来的恐惧，让自由的灵魂在更辽阔的空间驰骋翱翔。旅游的意义是什么？是去体会将你自己置身于陌生的世界之中，与陌生的人打交道，也许仅仅是彼此迎面走过时交会眼神的一刹那，也许仅仅是一个真诚的微笑。是去看许许多多的令人震撼的精彩瞬间，欣赏美丽的风景，还是让你自己迷失在地图的世界里，体会抛开地图旅行的快感。还是你根本不知道体会到了什么，但是却可以在结束旅行时，写下那一篇篇满怀感动与幸福的美丽诗话，因为你收集了那每一次的和风细雨，那多情的海浪，每一种表情都镌刻在你的记忆中，跃动在你的文字里。

人生旅途永远的坐票

如果你只接受最好的，你就会经常得到最好的。

由于公司的业务分布于全国各地，作为公司业务人员的他要频繁出差，所以经常会买不到对号入座的车票。无论车上多么拥挤，无论长途短途，他丝毫不会为没有对号入座的车票而担忧，因为他相信一定可以找到自己的座位。

如果有人问起，他是怎样做到的。他会平静地说：办法很简单，只要你耐心地一节车厢一节车厢找过去，就一定会找到座位。听上去这个办法似乎并不高明，可是它却很管用。每次出差坐车，他都做好了心理准备，就是从第一节车厢走到最后一节车厢。事实证明，他根本就不用走到最后就会发现空位。然后他会用调侃地语气说："也许是因为像我这样一条道跑到黑的老牛并不多吧。"每次他落座的车厢里都会有很多的空座位，另外的车厢却是人满为患，就连过道和车厢接头处都会站满了人。

最后，他发现，许多乘客很容易就被一两节车厢表面拥挤的现象所迷惑，他们不会去细想在火车数十次停靠之中，从火车十几个车门上上下下的流动中蕴藏着不少提供座位的机遇；就算是想到了，他们也没有耐心一节一节车厢地去寻找。脚下的那一方小小立足之地就足以令他们大多数人满足，他们不会背负着行囊挤来挤去只为那两个座位，他们认为根本就不值得。"万一找不到座位，回头连个好好站着的地方也没有了。"这也是令他们所担心的因素。这些不愿主动找座

位的乘客大多只能在上车时最初的落脚处一直站到下车，就像是生活中一些安于现状、不思进取、害怕失败的人，永远只能滞留在没有成功的起点上。自信、执著、富有远见、勤于实践，会让你握有一张人生旅途上永远的坐票。

绽放那一抹最迷人的微笑

生活中，每个人都不是孤立存在的，你有没有细心留意过，生活中有许多让我们感动的事情；你有做过让别人感动的事情吗？人与人之间，正是因为彼此的那一份小小的感动，生活才变得更加炫丽多彩。

女人的丈夫是一位银行家，他非常富有。有一天，丈夫想给她一个惊喜，于是就带她去了达·芬奇的画室，银行家想让画家为自己心爱的妻子画一幅肖像画。当时小有名气的画家达·芬奇深感困难，原因是他根本就无法从她那无动于衷的冷漠表情中找到画点，无法入画。

于是，达·芬奇绞尽脑汁想了许多办法，比如说请她看自己新近的作品，请马戏团的小丑给她表演，请笑话大王给她讲笑话等等，他所做的一切努力只为博得这位尊贵的夫人从容一笑，便于作画，然而所有的努力都付诸东流。但是达·芬奇并没有灰心，而是急中生智给她讲了一个故事：

从前有一位智慧的老人，为了鼓励四个儿子成才，他给了他们每人一个同等的机会，就是要他们用四年的时间去学习本事，然后回来一比高低。时光转瞬即逝，到了第四年年底，老人的四个儿子都学成归来。

大儿子通过努力学习，成了鬼斧神工的木匠，顷刻间就能把一

块形状普通的木头雕成一个美女，而且那美女天资曼妙简直与真人无异，大儿子手艺高超不言而喻。二儿子通过认真学习，成了飞针走线的裁缝，他在很短的时间内为这木头美人做了一套漂亮的衣裙，只见木头女人变得光彩照人，二儿子的手艺可谓巧夺天工。三儿子学习的是首饰匠，一阵“丁丁冬冬”之后，木头人就戴上了一套首饰，美人顿时变得华贵无比，足见三儿子手艺的精细巧妙。四儿子则对着那木头美人唱起歌来，那歌声美妙之极，仿佛能够从中看到蜜蜂飞舞时的轻盈，仿佛能从中看到太阳升起来的霞光，唱着唱着，木头美人眨了眨眼，活了！

老人的四个儿子一起冲向木头美人，迫不及待地说：“美人，嫁给我吧！”可是美人却对老大说：“您给了我身体，就做我的父亲吧！”对老二和老三说：“你们精心地打扮我，就做我的哥哥吧！”对着老四说：“只有你给了我生命，你就做我的丈夫吧！”说着，她热情地拥抱了年轻的老四……

达·芬奇细致耐心地讲着，女人津津有味地听着，听到这儿，她果然会心地笑了——也正是根据这真诚的笑，达·芬奇画出了她的模样。而且这幅画也成了经典之作——蒙娜丽莎的微笑。

这个故事很动人，因为作为男子汉的达·芬奇是用心中的温暖，使冷漠的美女展露出笑容的。

善于播种温暖的人，才是天底下最聪明的人。生活中，使别人微笑的人，内心没有忧伤。让我们成为既拥有微笑又能给别人带去微笑的人吧！让我们的微笑之花永远绽放绚丽的光彩。

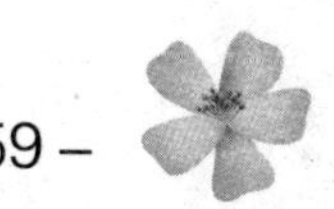

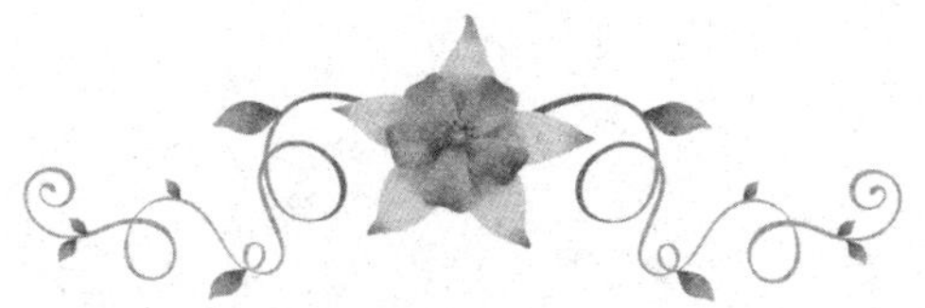

第三章
品味生活习惯

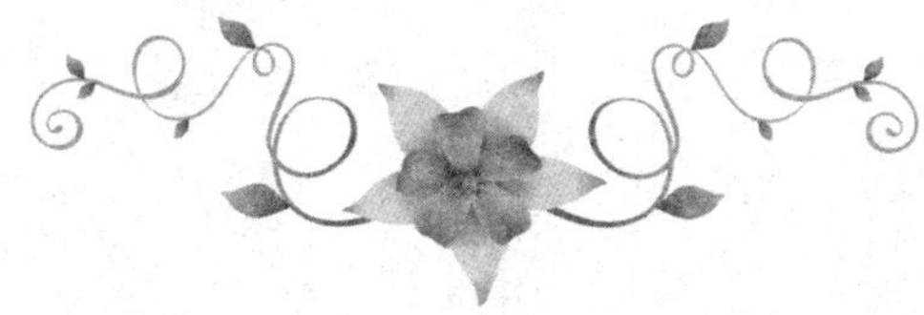

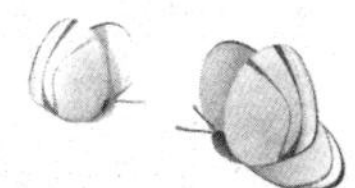

“成功的人通常都保有失败者不喜欢的习惯。因为他们乐意做自己并不十分乐意做的事情，以获得成功的果实。然而失败者却只是乐意做自己喜欢做的事情，最后只能接受令人不甚满意的结果。”

——南丁格尔

营造好习惯

播种一种行为，收获一种习惯；播种一种习惯，收获一种性格；播种一种性格，收获一种命运。起初是我们造就习惯，后来是习惯造就我们。

有这么一个故事：有一条狗要完成一项使命——经过千里沙漠送一封信到边关。主人给它带了足够的粮食和水上路了。可是一去就杳无音讯，于是人们又派出几条狗也带着粮食和水上路了，同样也是一去不复返。后来人们发现这些狗全部死在沙漠里，没有任何的皮肉伤害，也没有中毒。是什么原因呢？

调查结果显示：这些狗都是死于一个可笑而可悲的坏习惯，那就是被尿憋死了。原来狗撒尿的时候，总要找一个靠腿的地方，而使另外的一条腿抬起来，可是茫茫的沙漠哪里有树、沟、桩或者石头……

这些可怜的狗，它们是困在习惯里面了。

正所谓“天是习惯盖，地是习惯底，不把心突破，困在习惯里”。这些狗竟然因为改变不了自己的习惯而葬送了自己的生命。

一个又一个习惯的积累，构成了我们的日常生活。包括我们几点起床、洗澡、刷牙、穿衣、吃饭、上班等等都是我们的习惯。据心理咨询专家发现，一个人工作、学习的好坏，20%是与智力的因素有关，而另外80%则与非智力因素有关，在非智力因素中（信心、意志、习惯、兴趣、性格等），占有重要位置的仍然是习惯。所以，检查一下自己日常的习惯，是非常必要的。这有助于我们将那些有害

的、无益的习惯改为好的习惯，仅仅是一点小小的改变，也将会受益无穷。

习惯的好坏，决定着人的成功与失败，成功人士靠的是他们的好习惯，而失败的人往往是因为他们的坏习惯。

经常审视、解剖自我，是一件痛苦的事情，但却是一项最好的成功习惯。

在以下“限制人成功的不良习惯”中，如果您有任何一种或者几种，请务必马上着手予以改变：

1. 习惯于迟到；
2. 没有时间的概念；
3. 注意力分散；
4. 抵触情绪；
5. 说话、做事情比较紧张，健忘；
6. 做事情毛手毛脚；
7. 打电话吃东西、大嗓门；
8. 不恰当的肢体语言；
9. 字迹潦草、语法错误；
10. 违反职业习惯。

改变旧的习惯，不是一件容易的事情，旧的习惯总是有着极大的吸引力。不少人往往是一方面想逃脱，另一方面又害怕承受痛苦，结果把自己弄得极矛盾又挣扎，折腾了一大圈，又绕回了起点。改变是痛苦的，但是不改变却会葬送自己的一生。所以，痛苦一时，但会安享一世，我们必须改变。像戒烟、早起、运动、偏食、爱发脾气等的破除与养成，一次、两次、三次或者三十次，从陌生到熟悉，从改变

到适应，一次一次地调适自己，养成了新的习惯之后，我们就可以享有崭新的自己了。

为了再现一个崭新的自己，下面介绍一些成功人士的习惯。

1. 热诚的态度

成功人士始终有最热诚的态度，最积极的思考，最乐观的精神和最辉煌的人生。以经验支配和控制自己的人生，失败者则相反，他们的人生是受人生的种种失败怀疑所引导和支配。我们的态度决定了人生的成功。

2. 有明确的生活目标，并管理这个目标

如果你给自己定了目标，那么你的生活就有了前进的动力。它在两个方面起作用，它不仅让你有了努力的依据，而且还为你的努力进行鞭策。它给了你一个看得着的射击靶，当你努力去实现这些目标时，你就会有成就感。有太多的人对心目中的世界没有一幅清晰的蓝图。不是计划不具体，就是计划太空洞，这些都无法衡量是否实现了目标，会大大降低你努力的积极性。

用一个个易记的目标，来构成一个整体的目标，把你的目标看成是盖楼的话，最高层就是你的人生目标，你定的目标和为达目标而做的每一件事，都必须指向你的人生目标。高楼由几层组成，最上的一层为主要目标，最核心的这一层包含着你的人生总目标。下面每层是为实现上一层较大目标而要达到的较小目标。

3. 勤奋永不过时

世上无难事，只怕有心人。一个勤奋并不断向着自己目标前进的人，整个世界都会给他让路。

4. 擅于理财、预算时间和金钱

5. 经常运动

拥有健康的体魄是成就事业的资本。成功人士，几乎都有自己喜欢的体育运动项目。

6. 严于律己

一个人律己能力的强弱，对他人生的成功有很大的影响。

（1）遇到令你生气的事情时，你能沉默不语吗？

（2）做事三思而后行的人是你吗？

（3）平和的性情你常有吗？

（4）让情绪控制的理智是你所喜欢的习惯吗？

7. 好学谦逊

（1）把不断学习更多的知识作为你的职责吗？

（2）对你所不熟悉的问题发表“意见”是你所习惯的吗？

（3）自主地学习你会吗？

成功的人，利用一切可以学习的机会。

8. 人际交往

你有良好的人际关系吗？

9. 信念

10. 立即行动

行动计划你已设定，你的成功已展示于面前。别再犹豫，请立即行动吧！

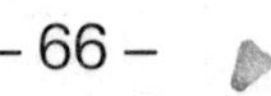

戒除影响健康的生活习惯

习惯，是人们平日生活中做事、思考问题或行为举止的不自觉的方式方法，例如有的人喜欢喝热水，有的人习惯喝凉白开，这就是两种截然不同的习惯。习惯有好有坏，但很多习惯看起来不起眼，却会给你的生活带来无穷的烦恼。

开灯睡觉

有些人认为寝室太暗无法入睡，因为黑暗给人们一种不安的情绪。很多婴幼儿对此表现尤为明显。但开灯睡觉更容易造成学龄前儿童眼睛近视。如今，美国学者提出婴幼儿夜间在开灯的房间内睡眠可受到灯光的伤害。儿童眼睛近视率与儿童在婴幼儿时期夜间睡眠灯光照射状况呈正比。

起床先叠被

很多人习惯一起床就把被子叠好。其实这是一种错误的做法。实际上，人体本身也是一个污染源。在一夜的睡眠中，皮肤会排出大量水蒸气，使被子不同程度地受潮。人的呼吸和分布全身的毛孔所排出的化学物质有145种之多，从汗液中蒸发的化学物质有151种。被子吸收或吸附水分和气体，如不让其散发出去，就立即叠被，易使被子受潮及受化学物质污染。

起床后，可将被子翻过来，晾1个小时左右再叠被子，还要定期晒被子，才能保证被子在睡眠的时候为你提供一个健康的环境。

不吃早餐

社会节奏整体加快，从一早便能看到忙碌的身影，这其中有很多人为了节省时间而省略早餐。

不吃早餐的人通常饮食无规律，容易感到疲倦，头晕无力，天长日久就会造成营养不良、贫血、抵抗力降低，并会产生胰、胆结石。

把吃早餐当成一种必须的作业来完成，特别是那些正在减肥的女性最好请教专业人士进行早餐食谱的设计，这将对她们的减肥计划很有帮助。

用饮料送服药物

吃药不当会使病情恶化，特别是随便将饮料与药物搭配。饮料内的化学成分会与药物内的化学物质发生反应，一旦反应有害，就会后患无穷。

正确的做法是，白水搭配药物服用是最佳选择。对于小孩子来说，如果药物的味道难以接受，可以给他们加点白糖。而对于工作繁忙的白领来说，无论怎样，都要抽出2分钟的时间倒一杯开水，换上白开水再吃药。

穿袜入睡

当天气变冷时，有些人因为脚尖发冷而无法入睡，他们往往选择套上袜子睡觉。

穿着袜子睡觉，袜子会阻碍脚部热量扩散，而这些无法扩散的热量会让全身发热，使人们在起床后感到疲倦。

如果因为脚尖发凉而无法入睡，可以套上脚套睡觉，这样可以使脚背的血管保持一定的温度，从而对付凉症。或者睡觉前用暖水袋将

脚部温暖一下，睡前再取出来。

饭后即睡

吃饭，尤其是吃饱后，人体血液，特别是大脑的血液流向胃部，由于血压降低，大脑的供氧量也随之减少，造成饭后极度疲倦，易引起心口灼热及消化不良，还会发胖。很多老年人，特别是高血压病人，血液原已有供应不足的情况，饭后倒下便睡，这种静止不动的状态，极易发生中风的危险。

饭后休息一段时间再入睡才是正确的，建议午饭后休息半小时再午睡。

吃得过饱

许多人吃饭的时候都爱吃得饱饱的，长期吃得过饱容易引起记忆力下降，思维迟钝，注意力不集中，应变能力减弱等。“吃饭七分饱，平安一辈子”就是这个道理。尤其是过饱的晚餐，因热量摄入太多，会使体内脂肪过剩，血脂增高，导致脑动脉粥样硬化

蓄须

现在很多张扬个性的男人喜欢留着常常的胡须。其实，胡子具有吸附有害物质的性能。当人呼吸的时候，被吸附在胡子上的有害物质就有可能被吸入呼吸道内。据对留胡子的人吸入的空气成分进行定量分析，发现吸进的空气中含有几十种有害物质，其中包括甲苯、丙酮等多种致癌物，留有胡子的人吸入的空气污染指数，是普通空气的4.2倍。如果下巴留有胡子，又留八字胡，其污染指数可高达7.2倍。再加上抽烟等因素，污染指数将高达普通空气的50倍。

所以，追求健康的男士每天都要养成刮胡子的习惯，如果非要留

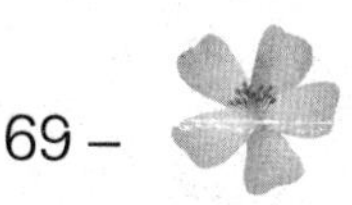

胡子，也尽量留短留少，并且每天梳理、清洁。

热水沐浴时间过长

许多人认为洗澡时间越长越舒服，这样才会特别解乏。

其实他们不知道在自来水中，氯仿和三氯化烯是水中容易挥发的有害物质，由于在淋浴时水滴会更多地和空气接触，从而使这两种有害物质释放很多。据有关资料显示，若用热水盆浴，只有25%的氯仿和40%的三氯化烯释放到空气中；用热水沐浴，释放到空气的氯仿就要达到50%，三氯化烯高达80%。

为减少淋浴时间，买个定时器放在浴室内，每次淋浴以不超过10分钟左右为宜。

自然地面对生活

你要是按照自然来造就你的生活，你就绝不会贫穷；要是按照人们的观念来造就你的生活，你就绝不会富有。

关于“洛克菲勒难题”的故事，相信大家早有耳闻。

一天，石油大王约翰·洛克菲勒的孙子在一米高的桌子上玩，他走到距离桌子不远的地方，微笑着对孙子说：“宝贝儿，跳下来吧！我会接住你的。”于是他伸出双手。孙子兴高采烈地一边回答着，一边跳了下来。然而他并没有接住孙子，可怜的小洛克菲勒摔在了地上，后果很严重，他大哭起来，他被爷爷笑容可掬的面孔欺骗了。这时候爷爷抱起了孙子，语重心长地对他说：“以后不要相信任何人，千万要记住，即使是你的爷爷。”经过了很长一段时间，他再次让孙子去桌子上站好，“孩子，跳下来，爷爷会接住你的。”他对孙子说道。有了上次重重一摔的经历，他不再敢跳。可是当他看到爷爷那和蔼、慈祥的笑容，就相信了爷爷！经过几秒钟，他毫不犹豫地跳了下去。果不其然，小洛克菲勒被爷爷抱住了，这一次爷爷说到做到，没有食言。只听爷爷对他说：“记住，这个世界上毕竟还是有些人可以相信的，何况是你爷爷呢？！”

相信别人的美好心愿，但是不要相信别人每次都兑现承诺。既然不能够相信别人一定兑现承诺，那么我们就要做好对方失约的准备。只有如此，我们才能够更加淡定地面对生活。否则，无论是学习、工作、事业，还是感情，哪一个方面都不会处理得很好。

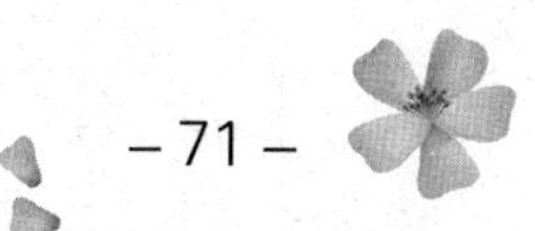

我曾经遇到这样一件事情：

有一次，我和老同学出去玩，在过天桥的时候，看到了一位怀孕的妇女跪在地上。当我看到这种情形的时候，感觉一阵心酸，于是我倾其所有地把身上的钱都给了她。她向我投来感激的目光，而周围的一些人却用异样的眼光看着我，我感觉大家也许认为我比较有同情心吧！没有多想，就和同学向前走去。

很巧的是，一年后的一天，我再一次看到她。同样的地点，同一个孕妇，我的心里有种被欺骗的感觉，当时火气很大，在我前面，还有几个小女孩儿往她的碗里放钱，当那几个小女孩儿走远，就听到有人在说："真是傻子，有钱给她。"一瞬间，我感觉自己又回到了一年以前，想起别人看我时的异样目光，此时再清楚不过了，原来大家并不是认为我有同情心，而是认为我和那几个女孩儿一样，都是傻瓜，同情心用错了地方。

现在细细想来，谁都没有错。她用欺骗的手段谋生，是为了生存，尽管有些龌龊，然而这就是她的人生。我想，她跪在那里就已经很可怜了。我们用美好的心灵去看待周围的一切，但是我们要正视现实，我们要自然地面对一切事情，当然这自然并不是固执。当理想与现实发生冲突时，我们要尊重现实的一切，并适当作出调整，自然地面对生活。

放飞想象的翅膀

想象力比知识更重要，因为知识是有限的，而想象力概括着世界上的一切，推动着进步，并且是知识进步的源泉。

生活，它被琐碎的事情遮住了。我们活着，可是我们并不是时时对生活及生命都有所体验。相反，我们思索的时候很少。更多的时候，我们倒像无生命的机器一样活着，更别提去放飞想象的翅膀了。什么是想象?

想象是绿叶对根的情意，是种子对春天的呼唤，是鸟儿对蓝天的向往，是鱼儿对大海的企盼。想象如飘浮天边的云彩，可望而不可及，它像环绕的朦胧薄雾，近在眼前又捉它不到；它像美丽的月亮，给人美好的希望，可又无法把玩，任那思绪飘渺在人心灵的深处。想象它不是现实，看起来可有可无。而它又切实地存在，它有一种让人向上的动力，把它变成现实的动力。

作为艺术家，不能离开它，艺术有了想象而变得充满活力。想象是一位妙龄少女，让艺术家为之倾倒，让观众为之着迷。想象光顾李白，才会有飞流直下三千尺的美丽诗句；想象赋予俞伯牙、钟子期高山流水觅知音的境界。想象的土壤在哪里，艺术的花就在哪里生长。它无影无形，人们看不见摸不着。它似乎在和人们捉迷藏，它在美丽的诗篇里，它在神秘的童话里，它在画家的色彩里，它在音乐家的音符里，它在千古的石窟里，它在科学家的实验室里，每一个发明都是奇迹的再现。

在科学的世界里不能没有想象，它是科学的幸运星。人类有伟大的想象，才会有伟大的作品，有伟大的奇迹。金字塔、万里长城、空中花园都有想象的功劳，让人类的智慧得以结晶。如果没有古人对远望的渴望与想象，就不会有今天的望远镜，将想象变为了现实。史前的人类，对未来充满了信心和勇气，在跌跌撞撞中走到了科学文明繁荣的今天。

想象，它给人们指明了前进的方向，提供了前进的动力，给人类以明媚的希望。是什么支撑一位母亲几十年如一日含辛茹苦地抚育了一位有成就的儿子，答案毋庸置疑，当然是想象。在母亲孤助无援、伤心绝望时，她就想象着儿子光耀门楣的一天。又是什么支撑着一位历经无数个酷暑严寒常年耕作于田间的农夫，还是想象。当他不分黑天白夜劳作时，他想象着收获时的丰收景象，那一望无际的醉人的金黄。

人类如果没有了想象，世界将不会有希望。幻想并不等同于想象，空虚是幻想的代名词。

是什么让你的精神世界如此痛苦不堪，为何你的精神世界不能够像孩子一样纯洁？

好奇？纯洁？天真可爱？对事物保持永远的新鲜感？学会单纯的快乐！

每个人都有自己独特的精神世界。但是无论什么样的一种精神世界，都不可以缺少像艺术家一样的激情。没有激情，生活犹如一潭死水，没有激情，工作停滞不前，没有激情，爱情枯萎……

人是有灵魂的高级动物，这种灵魂可以称之为我们的精神世界。只要是人都会有“人逢喜事精神爽，闷在心头瞌睡多”的状态。康有

为说过：“开创则更定百度，尽涤旧习而气象维新；守成则安静无为，故纵脞废萎而百事隳坏。”

所以，我们应该摒弃精神世界的垃圾，找回快乐精神的源泉，让想象的翅膀在希望中放飞。

永葆美丽

时间总是摧残容颜，你想成为时间的杰作吗？你的眼睛是否任何时候都熠熠闪光；你的笑容随时随地让人感到温暖吗？你是否是一篇耐人寻味的精品文，轻灵含蓄，不乏智慧。

柔媚的笑容和沉思的神情都让人琢磨不透，却传达着一种难以名状的气息，幽幽地向你袭来，难以抵挡。这都源于由内而外的那份自信。这不仅仅是装扮能够有的一种力量，更是包括了一个人对人生的态度和处世待人的一种格调。一颦一笑间尽显女人的独特魅力，向世人昭示着陶醉在生活中的美好享受。

忽略年龄，轻松地面对一切、保持年轻是个内外兼修的事业，需要每个女人好好去经营。保持活力与年轻的不二法门就是拥有一颗爱惜自己的心。这样就能绽放出与众不同的光彩！那么，如何才能做到对自己好一点呢？从内而言，学会让自己快乐、保持快乐的方法就是遇到挫折、沮丧就让自己归零，人世间有美好和不美好，多关注那些美好的东西，将不美好的抛诸脑后，自然就会朝气蓬勃。从外而言，保持美丽容颜，重视保养，每周花在自己身上的时间多一些。甜美、性感、娇嫩、温婉，在你的身上是否能够找到。把写作视为一种思考的方式，舞，从天地交合阴阳协调中获取灵性，致使对生命、爱情与死亡具有一种本能而浪漫的意识。

美丽的女人给人一种春风拂面、入骨三分的感觉。她是一朵美丽的花，用花来比喻美人，显得清新、脱俗。有着灵动如枝的曼妙身

材，有春天般的气息，有硬中有软、软中有硬的神秘质感和诱人的魅力。它难以撼动，即便是你动了它，动得也乏味。它有着一种全无激情支配下的随意感。把内心七彩斑斓、骚动不安的情感，表达得淋漓尽致。

用知识武装自己

多读一些书，让自己多有一点自信，加上你因了解人情世故而产生的一种对人对物的爱与宽恕的涵养。那时，你自然就会有一种从容不迫、雍容高雅的风度。

读书直接影响一个人的言行举止，是一个人内涵的直接表现。读书不是一味的来者不拒，而是应该据自己的需要有选择性地读书，不在于你看过多少书，在于你看了什么类型的书，从中吸取到了哪些精华，用以指导你现在的生活。

一个对生活有追求的人，首先要有极好的文学修养，有着破万卷书、行万里路的豪情。而且，更重要的是不在于他看书的多少，而还在于他看了哪些书。通常情况下，爱读文学作品的人很多，但往往存在着两种误区：一种是不加选择、狼吞虎咽，这是不重质、只求量的表现，结果是事倍功半，甚至收到的是负面效果。另一种是茫然无所从，不知道读什么样的书才对自己有益，思路不清晰，结果浪费了大量宝贵的阅读时间。针对这些问题，要求你不仅仅是懂得欣赏文学作品，更重要的是懂得如何挑选文学作品。下面根据观察，简单地谈几点个人的看法，供读者参考：

首先要多读一些文学名著。文学名著是人类智慧的结晶。一般来讲，文学名著无论是思想价值，还是艺术价值都是极为丰富的。

作为中国人，要了解中国文化中的精髓，最起码要读《红楼梦》、《三国演义》等古典文学名著，同时选读《围城》、《家》、

《平凡的世界》等近当代文学作品。

外国文学名著《红与黑》、《神曲》、《哈姆雷特》、《百年孤独》、《基督山伯爵》等作品。

其次要多关注一些社会现实的作品，阅读一些贴近现实生活的当代优秀文学作品，是一个人了解社会的很好的方式。

再次要多读一些充满哲理色彩的作品。文学作品对一个人，尤其是青年人世界观影响非常大。

最后，要多读一些历史方面的著作，可以看一些人物传记，也可以从杂志中获取最新时尚讯息。

读书可以拓宽一个人的知识层面，除了自己用以谋生的职业外，还要有自己的特长和精通的领域，比如你在电脑公司工作，和别人谈起哲学来，也可以头头是道地从中国的先秦讲到古希腊罗马，从孔子讲到亚里士多德，你也许不是这一领域的专家，但却不会让人觉得你是一个窘迫的外行。网球场上衣着从头到脚都要专业；喝酒时白葡萄酒配白肉，红葡萄酒配红肉；发表影评时要专业，谁是第四代，谁是第五代导演要心中有数；对油画的风格要专业，属于古典主义流派还是现代主义流派要泾渭分明，别人问起来也能说出一些门道；说到底，渊博的知识是优质的底蕴所在，也是最难达到的一个方面。

优质是一个目标，定位多高全在自己，因此，你也许离优质近在咫尺，也许远在天涯。

英国著名作家威廉·萨克雷读到《简·爱》时评论道：“我不知道作者是谁，如果是一位女士的话，她对语言的掌握超过了大多数妇女，她一定接受过经典著作的教育。”夏洛蒂的作品，体现了她对英语的熟练运用、对拉丁文和希腊文的精通、对古代历史的研究。事

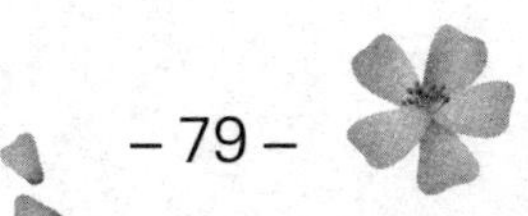

实上，她和她的弟弟妹妹们从小就受到了高层次的文学作品的熏陶。他们的父亲帕特里克，一位牧师和作家，尽管家中经济窘迫，收入不多，但他在拥有大量藏书的同时，仍然买了很多旧书给孩子们看，也让孩子们从基里机械学院图书馆和庞登堂私人图书馆借书。因此，实际上他们在早年就已经阅读了大量文学书籍，并且开始文学创作，而且非常活跃，创作热情高涨。

爱迪生退学后，母亲成了他唯一的老师。母亲的良好教育方法使他对读书产生了浓厚的兴趣。“他不仅博览群书，而且一目十行，过目成诵。”八岁时，他读了莎士比亚、狄更斯的著作和许多重要的历史书籍，九岁时，他能够迅速读懂难度较大的书，如帕克的《自然与实验科学》，这差不多是那个时代的科学知识百科全书，有好几百页，从蒸汽机说到氢气球，中学毕业生读起来还有难度，但是小爱迪生如饥似渴地读完了它，他还不知道在若干年后的新百科全书中，自己的名字将会出现多少次。十岁那年，他又读完了吉朋的《罗马帝国衰亡史》、休谟的《英国史》、席尔的《世界史》、牛顿的《自然哲学的数学原理》以及托马斯·潘息的著作。

在做报童时，爱迪生仍然坚持读书。火车在底特律停留六小时期间，他泡在青年人协会的阅览室里。有一天，图书管理员问他读了多少书，他说已经读完了第一架上的两层，管理员不明白为什么他刚刚读过的两本书风马牛不相及，他说：“我是按照书架上的次序读的，我只想把这里的书统统读完。”

正是由于这种对读书的贪婪，青年时代的爱迪生接触到了当时很先进的著作——《法拉第电学研究》，得到这本书后，他从凌晨四点读到午餐前，别人催他吃饭时，他叹息道：“人的一生多么短促，要

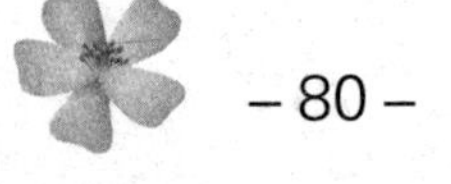

干的事情又那么多！”他把《法拉第电学研究》压在枕头下面，哪怕在睡梦中也会打开它，以解答脑子里突然闪现的疑团，他认为这是对他的一生帮助最大的书。

总之，一个人要努力学习足够的知识，积蓄足够的力量。大山上的一棵大树，崇山峻岭赐予它丰富的养料，山丘为它提供了肥沃的土壤，云朵给它带来充足的雨水，而无数次的四季轮回在它巨大的根系周围积累了丰富的养分，所有这些都为它的成长提供了能量，正因为这所有的能量，才化成了这样一棵参天大树。同样，为了丰富自己的生活，为了自己追求的事业，不管在任何时候、任何地方，只要能抽出时间，我们都要自觉、有意识地去学习，修建好自己的码头，为自己提供一生事业的丰富宝藏。

音乐的艺术之美

所谓美，一个是指思想美，另一个指艺术美，都可以让人得到美的熏陶、美的享受。

一串简单音符的堆积，并不仅仅是音乐，它是一种深蕴着人的精神的文化现象，更是要通过生活中的有心人的演绎来赋予它生命。无论是传统音乐，还是古典音乐或浪漫音乐，我们都可以从中感受到音乐的精神“脉搏”。它没有国界之分，在中国在外国一样拥有众多的受众群体，音乐大师们在五线谱间谱写出的是对天、地、人的畅想，对命运的慨叹，对未来的展望，给懂得欣赏它的人们带来了心灵的震撼。

音乐是一道美丽的风景，但只有少数人有幸欣赏，因为这道风景不是用眼睛看的，而是用心去体会的。春秋战国时期，俞伯牙与钟子期“高山流水觅知音”的故事千古流传，令人交口称赞。音乐就是这样，有着无穷无尽的、无法用语言描述的“魅力”，你可以在它的世界里，尽情放纵自己的欢笑，流淌自己的律动的脉搏，在流动的音符中寻找往昔生活的印迹，编织未来七彩的梦幻，获得心灵超越无限的自由之境。随着音乐的节拍，你可以做你想做的一切，想一切所想。

现代生活日益忙碌，音乐就显得更加重要，那是上帝赐予世人的声音。紧张了一天的神经，在音乐中得到松弛；压抑了数天的悲愤情绪，会在音乐中得到宣泄。发自心底的快乐也能在音乐中获得飞扬。音乐还能在咖啡、牛奶浓浓的香气中带来你的思绪，给创作以灵感，

给奋斗者以希望。因此，音乐不但能调整心态，还能陶冶情操。

音乐是用来享受的，所以不一定要听完整的大型交响乐，因为那太长太累，对于劳累了一天的身心并不适合。但一定要听听巴赫、莫扎特、肖邦的作品。神秘园、雅尼、陈美、安特里奥的音乐是女士们的首选，因为他们既不特别高雅也不完全通俗，而是属于“有分寸的另类”，与小资自身的风格不谋而合。

一些经典老歌听起来更是别具一番风味，像U2、阿巴演唱组、老鹰乐队的歌曲，还有爵士乐等。对于追求生活格调的人们来说，在艺术欣赏上，怀旧永远都不会错。

下面推荐一些乐曲，供大家在朝霞微露的清晨，或灯火阑珊的夜晚细细品味：

古琴曲《梅花三弄》；

琵琶曲《十面埋伏》。

虽然文明的演进，在很多方面改变了人们的生活形态，但并没有改变其在人们生活中的重要性，反而现代人能够享有更多、更充实的音乐生活。他们在聆听优美的音乐的过程中，总是会让那清新纯美、富含灵魂的音符，洗过满是尘埃的心头，不知不觉中使自己进入一个浑然忘我的自然境界。

很多人认为音乐很难懂，他们总是努力地感受音乐最核心的思想。其实他们没有理解到音乐的真正主旨，是需要全身心放松地听音乐，我们欣赏音乐是要用身心去感受的。而身心的状态随个人的感官特质、年龄、性别、教育（特别是与音乐相关者）、音乐的感悟力、过去欣赏音乐的经历形式经验，以及听音乐当时的心情和注意力等各有不同，可以说，同样一首曲子，由于每个人的素质不同，每个人的

畅想都是不一样的，若是将环境因素一并列入，那么差异就会更多。想想看，我们有没有因为年岁的增长，降低了对某些音乐喜爱的程度，而对过去不理解的名曲竟然产生了感动的经验？我们是否会因为演奏的器材不同而突然觉得某些曲子变得好听了？是否一处在唱你听得烂熟的作品，在现场音乐会里由于乐团演出的水平不足而使我们大失所望？前面说的这些，都是要告诉你，对于音乐的欣赏不要心存恐惧，用随意轻松的方式聆听一些好的音乐作品，我们谁都可以在这些美妙乐章中有所收获。

欣赏音乐是无国界的，每个人都不例外，但是欣赏音乐，也要讲究方法，下面就集中介绍一些有关音乐素养的简单的培养方法。

音乐是一种抽象的艺术，自古以来，中外的教育家都承认，它在人格成长及社会才华上具有潜移默化的功能。

人类的音乐活动由三个过程组成，那就是创作、表演和欣赏。音乐欣赏虽是最为简单易行的音乐活动，但是依其欣赏层次的高低，可以有不同程度的差别。

至于音乐的情感方面，则是一个较为复杂的问题。不论是绝对音乐或标题音乐，它们都必须带有一种表达情感的力量，只是程度上的不同而已。但是这在音乐中所表现出来的情感却常是捉摸不定的，因为它可能因人而异，甚至于同一个人对于同一首音乐，在不同的时候，不同的心情之下所欣赏的相同的音乐会有不同的感受。因此，要想找出确切的字眼来描述音乐所代表的感情是相当困难的，有时即使个人认为十分满意的，别人也未必同意你的形容或说法。

音乐欣赏的培养事实上是把重点摆在音乐的理论面上。因为第一种纯音乐的刺激，以及第二种捉摸不定的情绪感，都是无须经过内心

思维的表现层次，而如果我们想要加深对于音乐的理解力，对于其理论的学习是十分必要的。

因此，理想的音乐欣赏者，应该是既能够沉浸于音响的美之中，同时也能悠游于音乐的结构之外。一方面情绪性地去欣赏它，一方面理智性地分析它。透过这样双重的欣赏层次，我们才能真正步入音乐的奥妙之中，去尽情地享受音乐带来的美好冲击。

知足所以快乐

孔夫子有一次去泰山游玩，遇到了一位不知道姓名的长者，他自得其乐地一边抚琴一边唱着歌曲，孔子看见后对老者说："先生因为什么如此开心呢？"老者回答说："天地滋生着万事万物，人为贵，而我生而为人又何其宝贵，这是一件快乐的事情。而男人与女人又有别，男人为尊，我生为男人，这是第二件快乐的事情。有的人生来是看不到日月的，更不知道天地的常理，而我活到了七十岁，经历了很多事情，这不也是一件快乐的事情吗？贫穷在这个世间常有，而死又是生命的终结，我用一颗平常的心去面对世间的一切无常的事情，为什么不感觉到快乐呢？"

当我们能够深刻理解生活真相之后，无疑知足是必然的选择。

生活中，人的欲望是永无止境的。猛兽可以很容易地被降伏，但是人的心却难以降伏。沟壑很容易填满，可是人的心却永远不会满足。但生活所能提供给欲望的满足却总是有限的。人在现实生活中，"足"是相对的、暂时的，而"不足"则是绝对的、永恒的。如果一个人以"足"作为生活的目标而坚持不懈地追求，那么他所得到的结果将是永远的不满足；如果一个人以不足作为生活的事实予以理解和接纳，那么他对生活的感受反倒是"足"的。

如果一个人对任何事情都不知足，这是一件极其容易的事情，并不需要付出任何的力气，因为不知足正是人的欲望的唯一特征。所以，不知足是本然的、顺情的，仿佛水到渠成毫不费力。知足，倒是

自觉的、顽强的、坚毅的。当你匆匆忙忙穿梭于拥挤的街市看到星巴克里那悠闲的身影时，当你身居陋室望着窗外幢幢摩天大楼的闪闪灯火时，那份因羡慕、嫉妒油然而生的不知足，无须吹灰之力便不招而至了。而要摆脱这些情节的纠缠，依旧知足地卧床酣睡，明晨照样知足地挤车上班，不会是件容易的事情。

获得优质生活的要务，是去寻找生活本身的幸福和快乐，而不是去计较这种生活空间是“贫民窟”还是“富贵乡”。这二者无非是在物质生活条件上相比较而言。然而，真正的快乐是一种精神上的充实和愉悦。钱钟书说：“一切快乐的享受都属于精神的。”又说：“精神的炼金术，能使肉体痛苦都变成快乐的资料。”因而，在“贫民窟”里也有精神的巨人，在“富贵乡”里也不乏精神的矮子。

许多人常常满足于既有的事物，这使他们能够更好地发现和利用周围的一切，来丰富生活的乐趣。正如知足是一种处世的艺术，你要具备这样的生活思路：知足或是不知足，并不是生活的目的；人生的目的是寻求既有生活的快乐！这才是最终的目标。

第四章 品味最真挚的爱

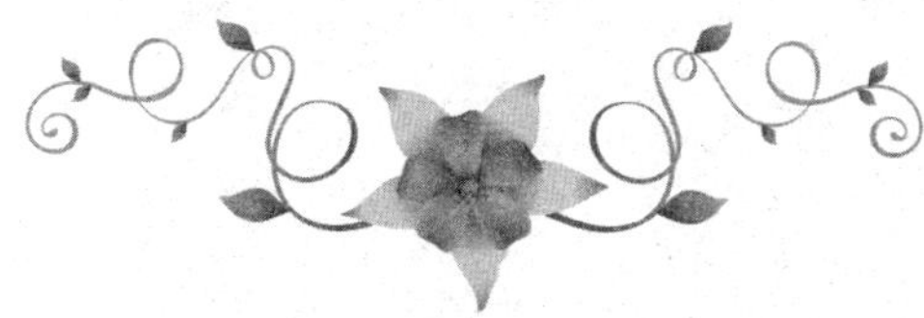

春天从这美丽的花园里走来，就像那爱的精灵无所不在；每一种花草都在大地黝黑的胸膛上，从冬眠的美梦里苏醒。

——雪莱

爱的永恒

叶芝的这首久富盛名的诗篇，是对爱之永恒的最佳诠释。让我们一同来重温这永恒的经典。如果说婚姻是一本书的话，那么爱就是构成美丽诗篇的那一个个跃动着的文字，它们是神奇的精灵，看，它正向我们飞来：

当你老了，白发苍苍，睡意绵绵，
在炉前打盹，请取下这部诗歌，
慢慢吟咏，梦见你当年的双眼，
那柔美的光芒与青幽的晕影；
多少人爱过你的美丽，
爱过你欢乐而迷人的青春，假意，或者真情，
唯独一人爱过你朝圣者的灵魂，
爱你衰老的脸上痛苦的皱纹；
当你佝偻着，在灼热的炉子边，
你将轻轻诉说，带着一丝伤感，
逝去的爱，如今已步上高山，
在密密星群里埋藏着他的赧颜。

懂得欣赏的爱

培根说过："了解爱情的人，往往会因为爱情的升华而坚定他们向上的意志和进取精神。"这个世界并不缺少爱，只是缺少了一双爱的翅膀，就是珍惜。

他是个安静的人，也是一个很勤快、厚道的人，他很爱自己的女人，常常称赞她温柔贤慧、正直大方。可是女人并不以此为荣，因为她并不满足于这样的称赞，反倒心里有些不踏实。她认为这简单的话语并不足以作为爱的证明，每个女人都希望别人把她当成大美女，虽然她知道自己并不美。有一天，她很不甘心地问丈夫："在你的眼里就从来没有觉得我有美丽的时候吗？"当她说过这话，就立刻后悔了，因为她忽然很怕，她怕丈夫的回答让她失望，还不如把它当成一份期待，默默地放在心中好。

丈夫沉思了片刻，回答说："当然有。你每次洗完头，很自然地披散着长发，看上去很美；每次出去游玩儿，当你走累时，轻轻地靠在我肩头时，感觉你很美很乖；在同学聚会时，所有人都大嚼大咽，只有你细细品尝、小口小口地吃，那么优雅，感觉很美；而你最美丽的时候，就是在周末的夜晚，在那朦胧的灯光下，看着你双颊潮红、两眼发亮时很美很美。"

只见女人闪现出惊异的目光，她很满足很陶醉，在问这话之前，她设想过丈夫的许多回答，说她喂孩子时最美，说她孝敬父母时最美，说她带学生春游时最美，只要是这些回答都会让她觉得遗憾。因

为这些只是作为母亲的美丽。而丈夫与众不同的回答，让她真正明白了，即使是个相貌平平的女子，也总会有美丽的时候。一个表情，一句话语，一个举手投足间的动作，虽然只不过是一刹那，但是男人看到了，心动了，深深地记在了心里。因为他知道爱一个人，并不是要为谁牺牲，如果要是变成这样，会生活得很累，而且这份爱也变了质。他懂得爱一个人就是要帮助她回到自己，使她更是她自己。女人相信丈夫是她爱的，并由此感到一种前所未有的安全与踏实。

为人子的情感

当他的脊背不再挺拔，当他低下了那饱经风霜的头，当那不经意的泪珠爬上了满是皱纹的脸，他已不再年轻，当你延续他生命的同时，你也在挥霍他的青春。父亲累了，需要你的爱，需要你的关怀。

对父亲的爱不仅要放在心里，同时它也需要外化，需要你适时地表达对父亲的爱。

在你的成长过程中，有没有对父亲当面表达出你的爱呢？

一位胃癌晚期的老人，拖着瘦骨嶙峋的身体奄奄一息地躺在病床上，他的眼睛一直望着站在床边的儿子，那种眼神，透露着一种温情，同时也充满了渴望。时间在一分一秒地流逝，老人已时日不多，然而他望向儿子的眼神却更加浓烈了，里面有许多的不可名状。

过去了两天，一刹那间，儿子似乎读懂了父亲的眼神，他请其他亲人暂时回避一下，要单独对父亲说几句话。当其他亲人出去后，儿子来到父亲身边，俯下身来，贴近父亲的耳旁，对父亲说了一句话。

这时，老人眼神里闪现了异常的欢愉，随之而来的是幸福而满足地闭上了双眼。大家后来才知道，儿子对父亲说的一句话："我爱你，父亲。你一直是我心中的英雄。"

你是爱自己父亲的，这点是毋庸置疑的。但同时你也从未对他说过你的爱，这一点也是不可否认的。细细想来，在与朋友一起的时候，你从不吝惜自己的语言，和他们据理力争，侃侃而谈，甚至为了一件小事情争得面红耳赤。对父亲的情感表达上，你何尝做到语出惊

人，滔滔不绝呢？你总是以为，我心里爱着他就可以了，说出来总是感觉语言既苍白又无力，不如放在心里。可你并不知道，当父亲把他那山一样海一样深情的爱给你时，他的内心是多么渴望听到你的评价，他们在静静地等待着，终其一生。

可曾记起，父亲是那个挽着女儿走上结婚殿堂，将她交给心上人的人；父亲是在儿子成家后，孤单地在电视机前等着他们偶然的电话的人；整个世界都已抽身而去，他也已老去，像石磨里的豆子一样，被岁月榨得粉碎，只留下一些残渣，而将全部的爱化成甘甜的豆浆。这就是父亲，伟大的父亲。然而身为儿子的你，无论他的社会地位如何，无论他能否维持生计，无论……，他都是你的英雄，你所敬仰的人。有这样一个故事：

一位风烛残年的父亲，他曾经和儿子其乐融融过，当儿子长大后，嫌弃父亲，认为父亲无能，与父亲渐行渐远。迫于生计，老父亲沿街叫卖，维持生计。这时，一个大四的艺术系女孩正在为她的毕业作品苦恼着，当她看到老父亲那苍老的面容以及那落寞的神情后，顿时有了灵感，就画这位老人了。于是她走到父亲身旁，把自己的想法说给老人听，老人的条件是要女孩儿买下他所有的物品，女孩欣然接受。几个月后，当老人看到一幅画面是他的形象，并且画的名称是以“父亲”署名时，老人深感内疚，并且老泪纵横。从这以后，他每天都在美术馆门前等待着女孩儿的出现，要给她零用钱，只因为女孩儿的那一声“父亲”的称谓，让老人找回了当父亲的感觉，这或许就是情感表达的极致。还曾经看过一则新闻，报道的是女儿想去见刘德华一面，父亲竟然卖掉了自己的肾去换取门票。狼尚有跪乳之恩，兽犹如此，人何以堪？父亲面朝黄土背朝天的艰辛换来的却是孩子的无知

与灯红酒绿，父亲的泪与汗换来的是孩子的奢与骗。这样的做法是不是对父爱的一种挥霍和践踏呢？

散发男人的情感

婚姻是一个挑战，你“像一个男人”一样接受这个挑战。这给了你一种自豪感。

接受了婚姻的挑战，你希望得到一些回报，感觉像个大人，被人视为更稳定，更有力量。你已跨过了一个重要的门槛，但婚姻不是你和另一个人爬进去等着事情发生的一个小盒子。婚姻并不把你变成一个大人。它并不保证有满意的性关系，或精神支柱，或爱情。你所有的不过是一个承诺，和心爱的人朝着那些美好愿望努力的承诺。

试想，当你在家里的时候，几乎什么事情也不做，吃饭的时候东西掉了也不会捡起来。若菜太辣或太咸，你就会说：“我才不吃这种东西。”喝醉时，你还会说：“都是因为董事长让我喝。”你的妻子会喜欢这样一个你吗？只有你自己内心充满热量，才能释放热量。要想让自己充满热量，你的家庭首先要充满温馨，这样你才能把精力放在工作上。听听妻子想对你说的话：

1. 你很自私，不知道体谅人；
2. 希望你用心地去工作；
3. 你对感情不忠实；
4. 你不理解我的情趣，总是抱怨；
5. 你从来不对我谈你的心事，我希望你能够开诚布公地对我；
6. 你从来不关心孩子的成长；
7. 你对孩子的要求十分严厉；

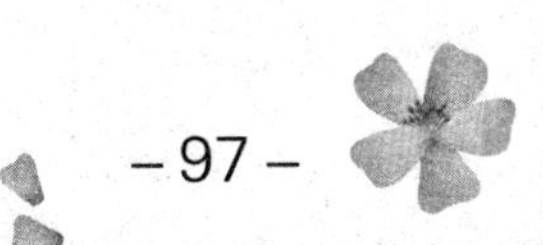

8. 你没有家庭观念；

9. 你的举止粗鲁、语言不文雅；

10. 你没有上进心；

11. 你总爱发火，做事情没有耐心；

12. 你总是喜欢批评人；

13. 你没有理财观念；

14. 你没有气量，心胸狭隘；

15. 你生活懒散，不修边幅；

16. 我谈起一些事情时，希望你不要表现出厌烦的情绪。

爱不只要懂得欣赏，还要懂得彼此互换角色。

有这样一个故事：

两人初次相逢是在片场，他们同时是某一部影片的主角。年轻的他们有许多共同的语言，戏里的角色、青春、生活，喜欢吃的食品、喜欢听的音乐……

影片之中，一次次演绎着的旷世奇恋，令观众潸然泪下。几年时间，她就成了一颗闪耀的国际巨星。一些明星为了能让自己更火、更红，大多都选择晚婚，而她却截然不同，在二十岁刚出头，正红得发紫的时候选择了结婚，嫁给了他。与此同时，她向公众宣布以后退出演艺圈，在家做一个全职的主妇。

也许是有太多的明星有过失败的婚姻，所以人们对两人的婚姻并不抱乐观的态度，认为他们的婚姻不会很长久。两个同是星光四射的人物，在生活中一旦有摩擦，谁肯低头呢？

正是因为有人坚信他们的婚姻不会很长久，所以自从他们结婚后，那些记者就从没有停止日夜蹲守，他们的目的，就是希望能得到

一些用来做爆料的新闻。要是能够捕捉到他们吵架甚至动手的镜头就再好不过了。时间似乎过得很快，眨眼二十五年了，一直都有记者在他们家附近蹲守，可是从来没有谁能拿出一条可以吸引人们的新闻。记者们看到的只有两个人相敬如宾，一起打扫家里的卫生，一起去倒垃圾，一起去超市购物的幸福生活片断……

舌头和牙齿都有打架的时候，更何况是夫妻之间呢！他们俩真的没有红过脸吗?虽然他们恩爱、幸福，但是他们也有闹矛盾的时候。美国一家电视台的记者，曾经到他们家里做客，当谈到她们的婚姻时，记者笑着问："在人们的心目中，你们的婚姻是明星们的楷模，看起来一直都那么恩爱和幸福，你们是怎样经营你们的婚姻呢?"

"生活中的摩擦谁也避免不了，我们也有不愉快的时候。也许你并不知道，在我们之间有一个约定——轮流当天使。"她答道。

"轮流当天使？"记者不解地问。

"在夫妻两个人之间，如果有矛盾发生，那么爱的天使就是第一个低头认错的人。然而，天使也会有累的时候，所以不能总是由一方来当天使，于是我们就约定好，彼此轮流来当天使。发生矛盾后，不论谁对谁错，总要有一方先低头认错，哄对方开心。如果这次是我，那下次就是他了。这样，我们都是天使，谁也不会累。"

天使宽容、天使大度、天使会忍让、天使懂得爱，但是一切都有个限度，天使也会疲倦，所以轮流当天使。两位明星婚姻幸福的秘诀——轮流当天使。有谁能说他们的婚姻不幸福呢？

从某种程度上说，每个人都是感情的懦夫，每个人都渴求爱情。当你意识到需要妻子的时候，就要勇敢地对她说出来，这样你才是一个真正的男人。如果你爱妻子，就应该有足够的耐心和毅力来对待家

务劳动，用多承担些家务，来体现对妻子的一片深情，这同时也体现了你的文明和修养。你还要做到：

1. 你最好是一个好的供养者，最好是个了不起的供养者。尽管你也有柔顺、脆弱的一面，也会像女人一样需要“大哭一下”。

2. 你要对她的工作感到满意。

3. 也许，你不会过多地给予妻子家务方面的帮助，可是你要多给予妻子情感方面的支持，即多向妻子表达爱意。这是因为女人天性中具有照顾他人、为他人服务的倾向，生活中的大多数女人都是如此。教养子女、为男人和孩子购买衣物、烹饪美味家肴等等，女人将整个生命，所有的时间都奉献给男人，不在乎任何东西，只要拥有他，如果他没有任何要求，她会不快乐的。这样既可以满足女人天性中照顾人的倾向，也可以满足女人渴望得到的情感支持。

4. 你将沿着你们共同设想好的阶梯，一级一级地稳步向上攀登，一年比一年赚的钱多，每往上晋一级，你的力量和信心便增强一次。

5. 性方面有自信。

6. 比妻子勇敢。如果家庭中有不幸的事情发生，你将拖着她让她能够哭泣。半夜里楼下发出奇怪的响声时，是你去查看。

男人和女人，都希望婚姻能使他们重温出孩童时代得到的爱。希望你在感情上关照她，正如你希望她关照你一样。婚姻对你们两人的诱惑之一，是它将提供一个舒适宁静、有人爱你的地方。需要婚姻，对一个女人来说是正常的，对你来说，这样多的感情要求或许令你不自在，你怕变得依赖，你会不寒而栗，你自觉脆弱、懦弱。其实所有男人都有着和你一样的想法，无可厚非。但是你要承担责任，一个大人的责任，为人夫的责任。

为人父的情感

父爱像高山一样厚重，父爱像深海一样深沉，父亲身份的第一定义都是生物学意义上的“生孩子或生过孩子的男人，提供了二分之一基因物质的男人即是孩子的父亲”。父亲身上的责任重大，但也要抽出时间陪陪你的儿女，因为他们需要你的陪伴，等你老的那一天，你会知道你也同样需要他们的陪伴。

当女儿出生的时候，你感觉她很漂亮、可爱，想亲亲她，但是你没有时间，因为你要工作，要赚钱，要争取在事业上更进一步。当你没有陪伴她的日子时，她学会了蹒跚走路，牙牙学语，又过了段时间，她能说出长的句子。当女儿美美地跑到你面前，要你给她讲故事，可你却说：“宝贝，明天爸爸再给你讲，现在让妈妈讲给你听。”于是你又走进了书房，研究着企划案。女儿再大一些，让她的宠物狗狗陪伴着她，每每看到你，会让你给她讲故事，时日久了，她不再请求你讲故事给她听，而是问你什么时候回家，她还说：“等我长大了，也要像爸爸一样。”你回答说：“也许呀！不过，当爸爸有时间的时候一定要陪你玩，我们会玩得十分开心。”女儿九岁生日那天，你送给她一架电子琴作为生日礼物。她说：“你是我最爱的爸爸，谢谢爸爸。我们一起来玩好吗？爸爸教我弹琴吧！”可是你却回答说：“今天不行。公司还有很多事情需要爸爸去处理。”她的脸上并没有闪现出失望，说：“那好吧。”然后抱着狗狗一个人去玩儿了。当女儿上大学时，只有假期才会回家，她已经出落得婷婷玉立，

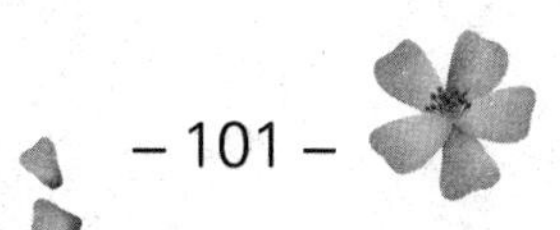

你似乎已经认不出来了。当她从学校拿到一等奖学金回到家时，你对她说："宝贝，你让我感觉到骄傲，你能坐下来和我说一会儿话吗？"她笑着对你说："爸爸，我和同学约好了，要去游玩儿，暑假长着呢！改天再陪你吧！"有一天，你终于退休了，可以一个人静静地思考问题了，女儿也嫁人，搬出去住了。有一天，你打电话给女儿说："女儿，如果有时间我想见见你。"女儿说："爸爸，我倒是很想去看您，可是今天恐怕不行，公司还有很多事情需要我去处理呢。"当听到这句话的时候，你是否有种似曾相识的感觉，像是在哪听过这样的话。女儿长大了，她真的和你当年一样，当你抚摸着怀里的小狗狗时，最后对着话筒问道："女儿，你什么时候回家呢？"女儿答道："说不准呀！我也想见您，等我有时间了，一定回去看您，我们一定会玩得十分开心。"

人生只有一次，但愿这样的生活不要重复地发生，珍惜那些你应该珍惜的人，抽出时间和他们共同成长吧！

男人要幽默

男人的幽默，是一种高雅，是一种风度，更是一种魅力，是一种情趣，更是一种由内而外的风貌。幽默的男人自信，他刚强、成熟、果断。这与他的性格、气质、阅历、学识、修养有着直接的关系，幽默的男人总是引得为数众多的异性为之倾倒，一举一动之中散发着迷人的魅力，都透露出一种修养和风度。他带点孤独意味，带点难以言说的神秘感。

他工作起来行云流水，幽默起来却很温柔。他有着忧郁而伤感的眼神，你看着他的眼神，就不由得想走进去。他细腻，有成就。如果说相貌、风度是男人的外在表现，那么幽默的言谈却是他内在的表现。他的诙谐幽默，无不表现出潇洒、文静、文雅高贵、热情似火、自信的姿态。

幽默是婚姻生活的润滑剂，它能消融夫妻间的疙疙瘩瘩；幽默是婚姻生活的助燃剂，它能使爱情之火更旺。让我们不妨来看看发生在这对夫妻之间的幽默事件。

妻子在单位加班，她怕丈夫着急，于是拿起手机打电话给丈夫，可是手机没有电了，她想丈夫知道她手机没有电，就不会担心了。当她拖着疲惫的身子刚进家门，丈夫就大声对她喊：“你去哪儿了？回来这么晚？你心里还有这个家吗？”妻子一听就火了，于是两人吵起来。

都在气头上，谁都不肯让谁，最后妻子被气得声称要回娘家。

听到这儿，丈夫更生气了，便说道："把你的东西全带走，你走吧，永远不要再回来了！"说完，他就走出了卧室，过了半小时，他在外屋等得有些不耐烦了，可是卧室里还是没有什么动静，丈夫走过去推开门一看，看到妻子正坐在床边抹眼泪，床边还有大包袱。丈夫问："你怎么还不走？"妻子抬头楚楚可怜地看着丈夫，哽咽着说："你躺在包袱上吧！""干吗？""我要带走所有属于我的东西。"瞬间，两个人扑哧一笑，搂抱在一起……

语言的力量就是这样神奇，关键就在于你会不会说。哭也一句话，笑也一句话。如何摆脱沮丧悲观、烦恼惆怅的不良情绪，使自己的精神家园阳光灿烂呢？它要求人们在失望时看到希望；要求人们"猝然临之而不惊，无故加之而不怒"，保持一份平和的心境。做到了这些，你的精神之树就会常青，你心目中的信念长城就不致颓然倒地。完全可以说：幽默可以给人们的精神家园以强大的支撑力，使人们在苦乐交加、曲折多变的人生道路上百折不挠，使人们更加坚定信心、充满勇气地去寻找人生的真谛。

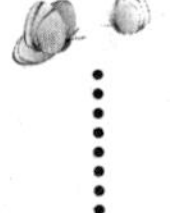

亲情浓如血

大爱无私的亲情，是人一生幸福的源泉。每当我们遇到困难时，家是我们避风的港湾。当我们灰心失落时，只要想到自己被那暖暖的亲情慰藉着，心中便拥有了无穷的动力。

从我们呱呱坠地以来，爸爸妈妈的人生便改变了——我们成了他们的全部世界和生活。有谁能够像他们那样耐心地为你喂奶、喂饭、措大小便，有谁在无时无刻不在关心我们的冷热痛疼，每天接送你上学，每天叮嘱你过马路时注意交通安全，不要和小朋友打架，细心到让你心烦的程度。在你生病昏迷时，是谁在紧紧地抱着你、默默地垂泪到天明；在你做错事情时，她因为打了你而后悔，独自在房间里偷偷地抹眼泪；在你取得优异的成绩时，是谁第一个绽放那开心的笑脸；当你沉睡时，又是谁在你的脸颊轻吻，深情地抚摸着你稚嫩的小手，真可谓“可怜天下父母心”。

照顾了你二十年多年的父母老了，你的青春取代了他们逝去的年轻，有什么样的朋友能一如继往地照顾你二十多年，并不求任何回报。他们并不要求你要尽孝道。我们每个人都是妈妈、爸爸生命的延续，是他们生命最重要的一部分乃至全部，想想他们，我们将会对生活有无比的信心。同时，我们应该并且有义务让我们的父母过上开心快乐的生活。就连仅有九岁的小女孩儿爱丽丝都做到了，你又有什么做不到的呢？

爱丽丝九岁了，在四个月前父亲出工伤不幸身亡，她只有和多病

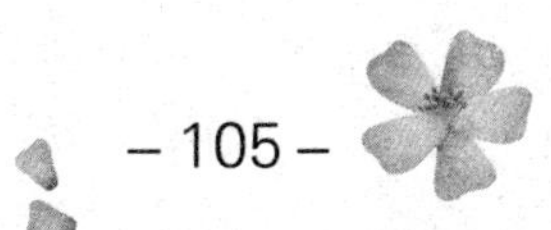

的母亲相依为命。再过两天就是圣诞节了，母亲给了她六美元，让她自己买些喜欢的礼物。爱丽丝拿着这钱找到了妈妈的主治医师罗密特医生。爱丽丝把六美元递给医生：“罗密特医生，请您帮我母亲做一次颈椎按摩好吗？”罗密特医生无奈地摇了摇头，耐心地安慰她说：“爱丽丝，最少也要六十美元。”小爱丽丝失望地走出了诊所。

爱丽丝一个人静静地在街上漫无目的地行走，当她走到街道口时，突然发现有个角落里围了很多人，好奇心驱使她想挤进去看个究竟。她费劲地钻了进去，原来是一个街头轮盘赌局。在一个大大的轮盘上依次刻着二十六个阿拉伯数字，而且在每个数字前不规则地对应着一个英文字母。这个赌局的规则是：无论你押多少钱，还是押什么数字，当轮盘转两圈后，只要指针能停在你的选择上，你就可以获得十倍的回报。

爱丽丝犹豫了片刻，她在心里想，假如我赢了，就可以有钱，有了钱就可以让罗密特医生给妈妈做颈椎按摩了。小爱丽丝果断地把手中的六美元放在了第二格上。那大大的轮盘旋转两圈后，果真停在了第二格，爱丽丝的六美元变成了六十美元。

过了一会儿，第二局开始了，大大的轮盘再次旋转，玛莎把六十美元放在了第七个格子上。爱丽丝又赢了，此时六十美元变成了六百美元。这个时候人们开始注意起这个小女孩儿来。庄家问：“小姑娘，还想继续玩吗？”爱丽丝没有回答。

到了第三局，爱丽丝看着那大大的轮盘，毫不犹豫地把六百美元放在了第十三个格子上。出乎意料，她又赢了，此时的爱丽丝拥有了六千美元。

只听那庄家的声音有些颤抖了：“小女孩儿，你还要继续吗？”

爱丽丝依然没有回答他，只认真地望着那大大的轮盘。

到第四局，爱丽丝镇定地把六千美元押在了第二十五个格子上。围观的所有人都屏住了呼吸。就在三分钟后，有人忍不住惊呼：“上帝啊，她又赢了！”再看看那可怜的庄家几乎要哭了：“孩子，你……”

爱丽丝看了看庄家认真道：“我不玩了，这些钱足够请罗密特医生为我妈妈做长期按摩了，我非常爱我妈妈！”

当小女孩走出人群后，围观的人看着她那弱小的身影，玩味儿的人开始计算连续四次猜对的概率有多少。那个庄家则像个呆子似的凝望着自己那大大的轮盘。突然，他喊道：“我知道我输在哪里了，这孩子是用她的‘爱’在跟我赌博啊！”

所有围观的人们这才注意，看向那个大轮盘，他们发现，小女孩儿投注的“2、7、13、25”四个数字，对应的英文字母正是爱的拼写，因为“LOVE”总是永恒不败的！

身为父母女儿的你，请拿出你的爱吧！不要再等待了。

为人妻的爱情

爱情确实有一种高尚的品质，因为它不只停留在性欲上，而且显出一种本身丰富的高尚优秀的心灵，要求以生动活泼，勇敢和牺牲的精神和另一个人达到统一。

婚姻生活可以使人快乐幸福，它是男人情感的寄托。男人希望他的伴侣永远对他忠贞，配合度高，怨言少，耐力也要好。听听丈夫想对你说的话：

1. 你不要总是喋喋不休，唠叨个没完；
2. 我们能不能有个共同的情趣爱好；
3. 不要那么自私、不知道体谅我；
4. 不要总是抱怨、也不要干扰我的爱好；
5. 希望你在家里常常着装整齐一些；
6. 性格不要太急，为什么你脾气那么躁呢；
7. 当我在管教子女时，你不要总是出来干涉；
8. 不要经常自夸、逞能；
9. 希望你感情上不要那么脆弱；
10. 你根本就不理解我，还心胸狭隘；
11. 你从来都不操持家务；
12. 你怎么那么喜欢争辩、不要去挑别人毛病；
13. 把你那不良嗜好和坏习惯改改吧；
14. 希望你对感情忠诚；

15. 你应该支持我的事业；

16. 请你不要再娇惯、纵容孩子了。

听到老公的心声了吧！多多理解他们吧，因为他们也有压力。有这样一个真实的故事：

四月的一个夜晚，小李下班驱车回家。这一天发生了一件令他烦恼的事情，他需要听听妻子对此事的看法。想到妻子的见解会多么有益，小李就喜上眉梢。他想象着在家里和妻子一边煮着晚饭，一边喝着茶，谈着，想着，乐着，他加快了速度。回到家里时，他发现屋里空荡荡的，一片漆黑、凄凉。一种孤独、寂寞之感袭上心头。他想到刚才的那些情感有多可笑，便一屁股坐在椅子上，把它丢到九霄云外。当妻子回到家时，他责备妻子说："你为什么就不能像别人的妻子一样？"如果妻子回话，就会说："不要光指责我，我也够受的。你来做做饭就不行吗？"争吵便开始了，两人之间的裂痕加深了。这样的事情在夫妻之间偶有发生，那么如何改善夫妻间的关系呢？做他的宝贝爱妻呢？请跟我来。

1. 温柔是致命的武器。

当他下班回到家，未进大门，你就接过了他手中的包，顺便把他的拖鞋朝着他放好，然后为他送上一杯水。当他累了，你给他捶捶背；他痛了，你为他揉揉肩；如果感觉他心情不好，你就安静地坐在他身边。试想，有这样一位蕙质兰心的好妻子，会有哪个男人不怜惜呢？如果感觉他情绪不对、即将要发火，你要防患于未然、先发制人地对他说："是谁惹我老公不开心了，要知道我的老公是天下脾气最好的人呢！他肯定有问题！"当你说了这样一席话后，他再要怎么发怒也是发不起来了。因为上帝不可能让每一个女人都拥有沉鱼落雁之

美，所以如果你不美的话，那首先一定要温柔。作为一个一级棒的好老婆，拥有温柔当然也是第一要务。

2. 对他保持你热情的微笑。

为人妻的女人，要懂得保持你在丈夫心中的美好形象。无论你长得多么漂亮，女人热情的微笑是一朵永不凋谢的鲜花。倘若你总是板着一张脸，不露一丝笑容，仿佛全世界的人都对不起你似的，那会让你的丈夫感到难过。如果你对他微笑，会让他觉得你跟他在一起生活，你是多么快乐；对于你来说，他是多么重要；你热情的微笑，会让他从心底涌起无比的骄傲和自豪。他会对自己更加信心百倍，对你和家庭付出更多的爱。如果你是这样的一个女人，一个妻子，无疑你是一位极具魅力的女性。

3. 在说出你的不满前先做好铺垫。

俗话说得好："良言一句三冬暖，恶语伤人夏日寒。"夫妻关系也是如此，夫妻双方要多鼓励赞扬配偶。因为如果你用批评责备来改善夫妻关系时，实际上会破坏你们的关系。但一味地赞扬和鼓励，也是不利于夫妻关系的，对于一方的"错误和缺点"还是要进行批评的，否则就难以改正。在批评配偶之前，先谈论自己的错误，可以减少配偶的敌意和防御倾向，使他能够心平气和地接受批评而不会引起争吵。从侧面以比较温和的态度将自己的意见提出来或是在责备他时，告诉他你也发生过类似的错误。

4. 以柔克刚，撒娇的魅力。

对付男人非常有效的方法是撒娇，即"以柔克刚"。女人在要求男人做他们不愿意做的事情时，不妨先撒把娇，耍耍赖。通常情况下，男人喜欢女人撒娇，撒娇让他们感到了男人的荣耀。因此撒娇不

仅能使你达到目的，还能激起爱的涟漪、情之浪花。

5. 偶尔暴露自己弱的一面。

当你们之间发生争执时，不妨在他面前暴露出你的软弱，这样做能产生通情作用，你可以多表达一下自己“软性”的感觉。如：我感到害怕……我担心你是否爱我……我很怕失去你……我感到很伤心等等。当你在他面前弱的时候，他会感觉是自己的错，没有保护好你。这样做可以加深夫妻之间的了解，增进感情。

6. 不提令他感觉到难堪的事情。

对于任何事情，每个人都有力不从心的时候，他不可能把任何事情都做得尽善尽美。俗话说“金无足赤，人无完人”，有时难免有处理失误、让自己没有面子的事情。夫妻双方要正确对待这些事情，千万不可在争吵中揭他的伤处，这犹如在他的伤处撒盐，这样做会使夫妻情感受到伤害，要做个大气的女人。

7. 特殊魅力。

几千年的封建思想束缚着女性的性观念，它被禁锢、压抑，这与现在追求健康与品味生活背道而驰。女人用性爱的方式向男人展现爱意，可以令他感受到妻子特殊的魅力。智慧的妻子会懂得展现那种隐秘的美。用高质量的性生活来调剂自己与丈夫的美好情感。

8. 自信。

婚后的男人，大都把精力投入到学业或事业上了，所以，如果妻子懂得在夫妻关系的背后加上一点神秘的味道，那么就会引起丈夫的关注。这种神秘的东西，并非是“难以理解”的东西，它是一种自信的表现，这就是让丈夫知道，没有他她也能生活。大千世界，无所不能，从他以外的其他方面，她也可以得到快乐和满足。

9. 不把你的不快带到家里。

即使你的心情不快，在回家之前，也要换上一副好心情。可以对自己说："让所有的烦恼都去见鬼吧！在这个属于我和丈夫的小天地里，我永远是快乐的。"妻子的理解和包容对于丈夫来说极其重要，这能使婚姻中的爱情之火熊熊燃烧，美满爱情也会使女人在任何时候都光彩照人。

现在快快加入快乐无极限、无敌好妻子的行列来吧！你定会获益匪浅的。

为人母的亲情

“养儿才知父母恩”，只有你当了妈妈后，才会理解父母对于你的爱，那份深沉而又厚重的爱。这份爱是深明大义、柔中有刚；是充满温馨又耐心教导；是滚滚的热流，温暖你受伤的心田；有时又是激动的泪花。

一面是苍茫的太空、浩瀚的大海、无垠的旷野，一面是纷繁的世界、复杂的社会、滚滚红尘，作为这天与地之间小不丁点的个体，人又应该怎么样坦然去面对？自在地去接受？人类那脆弱而敏感的心灵又当何以做寄托？何处是人类避风的港湾？

在一个叫普罗通斯的小镇，几个月前，一位名不见经传的女教师在镇上举办了一次大型影展。这次影展打破了摄影展史上的纪录，因为来访的人来自全国各地。展出的都是以教师的女儿为主人公的生活照片。这个小镇的居民只有几千人，可是前来参观的人却达到了三千余人。

这位女教师从女儿出生就开始给她拍摄相片，直到影展开始女儿已经二十周岁了。七千三百多个日日夜夜，母亲从来没有间断过给女儿拍摄照片，二十年来，她几乎没有离开过女儿的身边，只有几次她请丈夫和女儿的爷爷、奶奶、外公、外婆等十三人帮忙照了四十多张。

这位教师并不美丽，长相只是平平，和其他的平民百姓一样，她也曾灰心过，黯然过，甚至曾失业过，曾经与丈夫感情不和，经常吵

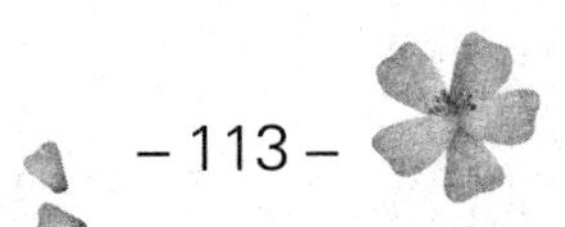

架，家庭经济支出困难，举债度日。但这些困难并没有难倒她，她还坚持着每天给女儿拍照，展览馆共有八层，全部用于这次展览。每张图片下面还配有文字说明：

今天，女儿来到了这个世界；

今天，女儿会笑了；

今天，女儿生病了；

今天，女儿会喊妈妈了；

今天，女儿上学了；

今天，女儿都长到一米了；

今天，女儿伤心地哭了……

坦诚地说，从专业角度来讲，无论是从拍摄的技术还是画面的内容来看，都是平淡无奇的，甚至千篇一律。比如说相片中有上百张在襁褓中，坐童车的有九十多张，吃饭的有一千多张，看书的有近百张，打球的有近百张……

然而，就是这些一个个平凡的生活片断才让全世界的人为之感动，因为它体现了一位母亲对女儿无私的爱，这份爱是永恒的美丽。事情的本身是平凡的，但是这份平凡造就了伟大，这份执著难道说不是一种艺术吗？她的伟大还在于，她把众人都能够做却不屑于做的事情，坚持不懈、认认真真地做了下来，并且二十年如一日。

还有这样一个故事：

李向东是某市著名的外科医生，前不久，他得知母亲生病的消息，于是专程去家乡接来了生病的母亲。经过几天的检查，他得知母亲已是癌症晚期，他的内心在深深自责："我怎么能够如此疏忽，没有尽到做儿子的责任。"更令他痛苦的是，身为医生，他挽救了不计

其数的生命，却无法挽救母亲。每天看着母亲日渐瘦削的身躯以及深陷的眼睛，他的内心受着痛苦的煎熬。母亲似乎非常留恋他，但是又表现得很平静。在他工作时，不经意间抬起头，就能看到门外母亲那双注视他的眼睛，而这个时候母亲都会迅速地离去。李向东知道，母亲舍不得离开自己心爱的儿子，想多看他几眼。

有一天，他遇到了一个棘手的问题，有位病人需要做移植眼角膜的手术，而就在最近两天，一位年轻的母亲失去了她宝贝的儿子。于是，李向东来到这位年轻母亲面前说："可否将你儿子的眼角膜捐献出来。"当年轻的母亲听到这儿，火气冲天地说："你为什么不让你的家人去捐，让我苦命的儿子去捐，我坚决不同意。我可怜的儿子，死了也要完整的。"李向东很无奈地低下了头，他们的对话都被门外的母亲听到了，只见老人家走进屋内，对李向东说："向东，看看我的眼角膜可以用吗？我要捐，我想看着你。"李向东的泪水夺眶而出，这时那年轻的母亲才知道两人的关系。"我想看着你"，年轻的母亲为之动容，"还是用我儿子的吧，你的毕竟有些老了，我也想让我的儿子看着我。"

"慈母手中线，游子身上衣。临行密密缝，意恐迟迟归。谁言寸草心，报得三春晖。"孟郊的这首诗最能表达这份浓浓的母爱，它没有言语，没有泪水，却充满着爱的纯情，扣动人的心弦。

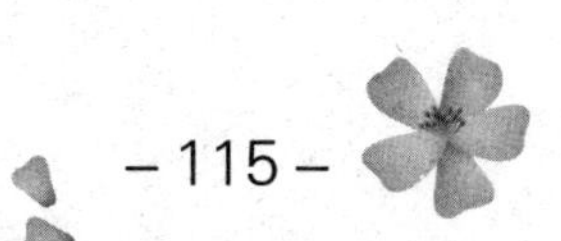

女人的优雅

优雅是一朵花。一朵圣洁的莲花，洁身自好，一尘不染。而拥有优雅的女人则会由内而外散发出一种从容、高贵、圣洁的气质。随着无情岁月的流逝，老了她的容颜，却没有让她那颗激情澎湃、涌动如潮的心变老，她依然年轻。

也许拥有优雅的女人并没有美丽的外表，可是她拥有纯洁的心灵。她追求真理，渴求知识，她厌恶那些邪恶、贪婪、恶毒，更不齿于嫉妒、怨恨、侮慢、竞争、诡诈，对自夸、造谣更是冷漠至极。

也许拥有优雅的女人没有过着富足的生活，但她们却从不慨叹命运。她们的内心充满了仁爱、喜乐、和平，她们节制自己的内心，她们忍耐、恩慈、良善、温柔，她们不甘落在人后，不为名利所累。

也许拥有优雅的女人会身无分文，但她们从不认为自己一无所有，而且内心非常满足，她们的内心被爱包裹着。这使那颗心变得更加美丽，既柔情似水又无比坚强。她们的心充满了感恩的因子，常常会有盈眶的泪水、脸上会有闪耀的光辉，因为她们经常被爱感动。她们从不乞求别人给予自己爱，而是将满腔的爱奉献给那些需要抚慰的心灵，并且不求任何回报，她们的内心满怀着爱，像温暖的火，烘干别人潮湿的心。

也许拥有优雅的女人抗拒不了岁月在她们脸上添加的那一道道皱纹，也许她们已不再年轻，但是她们对生活却有着无穷的乐趣及永不枯竭的热爱。她们目光所极，无不充满好奇，她们的字典里从来没有

郁闷与烦躁。她们喜欢像小鱼一样，自由自在地在这广阔的人生海洋里遨游，而且用她们独特的视角，记录下每天的感动。当她静静地观看窗外风景时，心也随着大自然的美好景观而飞向远方，展着希望的翅膀飞向那湛蓝壮阔的天空。

也许拥有优雅的女人并不精明，可是她们却不能够不思考，不能够没有智慧。在名利与智慧面前，她会选择拥抱智慧。

拥有智慧的女人是从容的，更是大度的。她会远离嘈杂，并且远处观看它，当她置身事外时，她对于名与利为何受欢迎而感到疑惑不解，那些人疯狂地为它争来争去，打破了头，流了血，受了伤，没了命，衣衫不整、蓬头垢面，还要视死如归、前仆后继。她们不理解为什么这浅短的利益就能迷住人的眼，只能无奈地甩甩头，甩掉这世俗无聊的一切，尽管这繁华三千她依然执著如初。

也许拥有优雅的女人随着峥嵘的岁月在成长，她们的眼依然是清澈透明，没有任何杂质，她们抱着本真前行，从未丢弃那美好的纯真。她们有着水晶般晶莹剔透的心灵，很单纯也很轻盈。

在这个世界里，她们总能够轻灵地纷飞。她们看待世界的眼光，是儿童般的率真，充满了真诚，这种眼神能够让冰雪消融，能够让冷风驻足。

也许拥有优雅的女人永远都学不会自私，可正因为如此，她们会更加美丽动人，她们的这份无私让人相信温暖，仅仅是她们在举手投足之间，也会散发出迷人的魅力。她们给人以温暖、慰藉与信任，同时还严格要求自己，自尊、自爱、自信、自强。她们从没有让颓废、

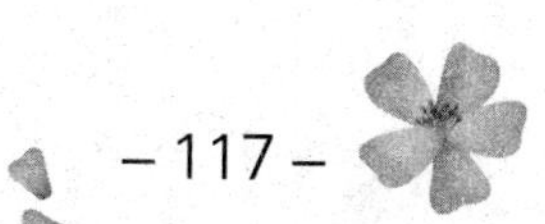

空虚迷茫近身，她们的内心很酷，当然这不是冷酷，而是她们有强大的内心，不但不会践踏自己，更不会去刺伤别人。无论时间怎样流逝，都不会让她们的毅力被磨折，更不会使她们内心屈服，缺失了信念。

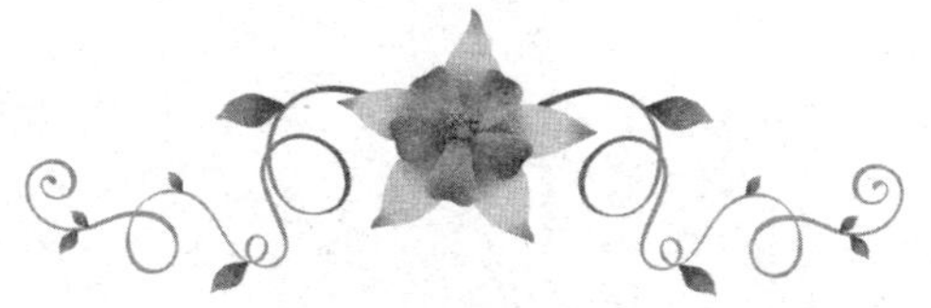

第五章 品味人生

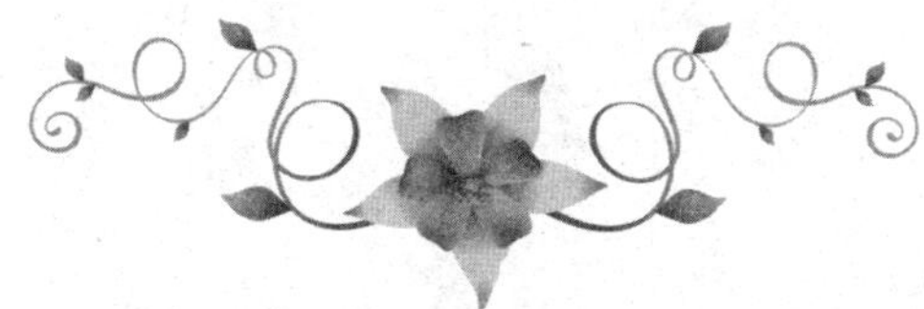

品格是什么？它是一个人立足社会之本，是一个人做人的原则；一种始终不偏不倚的人格魅力和一个人的灵魂的展现。能够成功的人，他首先是自我意识的觉醒者。

要自立、自信、自尊

1. 自立

李嘉诚，众所周知，就是香港巨富。他在教育孩子方面，有自己的独到之处。对于孩子的人格和品性的培养，他是非常在意的。当两个儿子成长到八九岁时，他就开始让孩子们参加董事会，让他们列席“旁听”，偶尔还会让孩子们“参政议政”，他的目的主要是要让孩子们学习他“不赚钱”、用自立、自信、自尊致胜的门道。

几年后，他们都以优异的成绩取得美国斯坦福大学的毕业资格，两个孩子都想在父亲的公司里施展抱负，成就一番事业，然而被父亲果断地拒绝了：“你们还是自己去打江山，让实践证明你们是否合格，然后再到我公司来任职，现在我公司不需要你们。”两个孩子相继去了加拿大，一个从事地产开发，另外一个从事投资银行的工作，在这个过程中有许多难以想象的困难都被他们克服了，不仅把公司和银行办得蒸蒸日上，而且也成了加拿大商界出类拔萃的人才。事实证明父亲的“冷酷无情”，把孩子们逼上自立、自强之路，不仅锻炼了他们的勇敢、坚毅，而且也造就了他们不屈不挠的人格和品性。

2. 自信

自信心有一种力量，它能够把你自己提升到无限的巅峰，你的思想此时也充满了力量。它是人心智的催化剂，给人以心灵的指引。如果把信心与思想结合，你的潜意识中的心灵就立刻接收到震波，随之

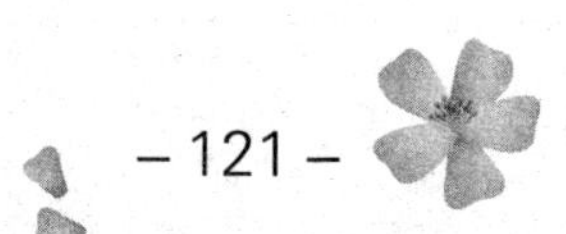

会将震波转化为精神的对等，然后再将这种精神的对等物传送到“无限的智慧”。

有一个小女孩时常低着头，她的名字叫宁宁。她一向很自卑，总是觉得自己长得不美丽。有一天，她到饰物店去买了只蓝色蝴蝶结，她戴上蝴蝶结很漂亮，店主不住地赞美她。宁宁虽然并不相信，然而她却很开心，高兴地昂起了头，想让大家看看她漂亮的样子，以至于在出门时与人撞了一下都没在意。

宁宁走进教室，正好迎面碰上班主任。“你昂起头来真美！”班主任爱抚地拍拍她的肩说。

就在她戴蝴蝶结那一天，有许多人赞美她。宁宁心里默默地想，她之所以受到许多人的赞美，蝴蝶结功不可没。当站在镜子前时，她才发现头上根本就没有蝴蝶结，这才想到一定是出饰物店时被人碰掉了。自信原本就是一种美丽，而很多人却因为太在意外表而失去很多快乐。贫穷抑或富有，美若天仙抑或长相平平，只要昂起头来，快乐就会与你相随，而且会使你变得可爱迷人——每个人都喜欢的那种可爱。

3. 自尊

作为一个人，要有脊梁，要有无畏的气概，这是做人最起码的操守。自私与妄自尊大都不能称为自尊。尊重自己体现为自尊，它是人的一种道德情感。有自尊的人，对于别人的歧视与辱没这种事情是不允许发生在自己身上的。能够使人类认识到自身的权利和人生价值，继而产生出来的一种自豪感和自爱心都是自尊。它是一种积极的行为动机、使人合理地维护自己的尊严、对于克服各种困难和自身的弱点

都有一定的积极作用。

长相平平的小姑娘爱上了一个王子。每一个见过风流倜傥、才华横溢王子的女孩儿，都会为他倾心。众多的皇亲国戚一次又一次地前来提亲，都被王子拒绝了，因为他没有看上那些姑娘。

一次，姑娘鼓起勇气来到王子家，走向王子面前对他表达了自己的深深爱意。王子非常欣赏这位姑娘的勇气，尽管她并不算花容月貌，也不是迷人可爱，可是却丝毫没有抹杀她身上那份高贵的气质。这深深打动了王子，他很想接受女孩儿的感情，但转念一想，如果就这样轻易地接受，她会觉得自己太过轻浮。想到这，他就对姑娘提出了一个要求，如果姑娘能够在他家门前跪半个月来证明她的真心，他就娶她。

女孩儿是爱王子的，她为了证明自己的真心诚意，决定履行王子的要求。五天过去了，这个过程是艰苦的，女孩坚持住了。又过了十天，女孩儿的肩膀瘦削了，但她却依然保持直挺的身躯，并在心里暗暗告诉自己，坚持住，我一定会成功的。终于到了半个月，女孩儿依然在跪着，王子看到后，心里非常高兴，他终于能够找到自己心爱的姑娘了，明天就可以和自己倾心的姑娘永远在一起了。

临近尾声，姑娘摇晃着站了起来，脸色惨白，但却依然浮现着淡淡的笑容。

站在她身旁的王子感到很惊讶，就要坚持到最后了，为什么要放弃呢？女孩用异常平静的语气坚定地回答说：“我用半个月来证明我是爱你的，是真心的，然而我依然要走，你这种无理的要求我无法接受。”女孩儿走了，她把爱情留下了，同时也把自己的自尊带走了。

爱情与自尊，当你面临这种情况时，你会做何选择呢？女孩儿的

选择是对的，也许爱情很美好，可是舍弃了自尊的爱情还会让你留恋吗?

著名画家徐悲鸿有句名言：“傲气不可有，傲骨不可无。”是呀，我们不应该在取得成绩时骄傲自大，不应该忘乎所以、不可一世，更不应该丧失自尊用作践自己的方式去讨好别人。

我们的传统文化教给我们，做人须自尊自爱，在品格与行为上对自己要严格要求。只有自爱的人，才能被人爱。自尊，才能被人尊。自轻自贱之人是永远不会获得别人的尊重与信任的。

充满自尊的生活，是值得称道的完美生活。微笑地面对挫折，不乏是一种极高的人生境界。你可以没有掌声与鲜花，不能没有自尊。自尊所提供给生命的不是依托、凭借、支撑，而是永远的真实、能量与精神动力。人尊人重，人敬人高。

毅力与责任

1. 责任

你是否经常不信守承诺？这样做的结果会使你失去家人及朋友的信任。你是否经常不守时间？这样做的结果会引起他人的责备和事情的延误。你是否经常做事情拖拉和懒散？这样做的结果会使你自己的生活像一团乱麻。看似生活中的一些小事情，但却能反映出你对人对己的责任心。没有责任心，将使你的生活混乱不堪。

有这样一个故事：

为了能够使狼恢复它的野性，管理员决定对动物园里的三只狼进行放生。因为狼爸爸比较强壮，管理员认为它的生存能力要强于其他两只狼。第二天清晨，管理员将狼爸爸送到了森林里，让它投入到大自然的怀抱，自由生长。

经过了一个星期，管理员总是能够看到狼爸爸在动物园周边停留，看起来比在动物园时瘦了些。管理员很为狼在野外的生存担心，或许在园里呆久的动物，到了野外根本就生存不下去，或许它们的野性再也难以找寻回来。这时，管理员把小狼也放了出去，只见那头无精打采的老狼立刻神采奕奕，带着小狼向森林深处飞奔。自从小狼和父亲离开后，一直很少回动物园，只是偶尔回来看母狼，每每回来之时，管理员能够看到它们较以前强壮了很多。是到母狼出园的时候了，当管理员把母狼放走后，这一家三口再没有在动物园周边出现

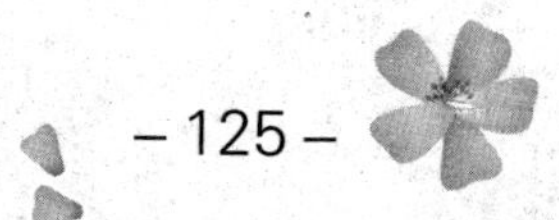

过，管理员相信，它们在野外会生活得很好。

针对于这一现象，动物园管理员作出了这样的解释：“为了照顾小狼，狼父亲必须得捕到食物，否则，幼狼就会挨饿。公狼有照顾幼狼的责任，尽管这是一种本能，正是这种责任让它俩生活得好一些。母狼被放出去以后，公狼和母狼共同有照顾幼狼的责任，而且公狼和母狼还需要互相照顾。这三只狼互相照顾，才能够重回大自然，重新开始新的生活。”

生活之中，你应该担负责任，因为如果你推卸责任就意味着你失去了在这个世界上一切你所珍惜的东西。亲情缔造的责任使你感到幸福，友情链接的责任使你感动，爱情构筑的责任使你忠诚，工作赋予的责任使你独立，责任是一种生存的法则。无论对于人类还是动物，依据这个法则，才能够存活。

这里还有一个真实的故事：

在傍山的游乐场里，一个人见人爱、美丽迷人的小宝贝在父母的怀中幸福开心地笑着，一家三口把公园的美景尽收眼底。为了能够更全面细致地欣赏美好风光，他们一起坐上了观光的高空缆车，然而他们并不知道，灾难在向他们步步紧逼。

高空鸟瞰这里的景色，真是一览无余、美不胜收。全家人都兴高采烈。一瞬间，缆车正以惊人的速度从高空下落。坐缆车的所有人突然意识到悲剧降临到他们的头上了。

由于缆车距离地面很高，所以不可能有人生还。可是令救生人员震惊的是，他们奇迹般地发现了一个两三岁大的小孩儿，在大声地哭喊着爸爸妈妈，小宝贝是唯一的幸存者。

据营救人员讲，缆车在下坠时，一定是他们将宝贝高高托起，年

轻的父母用自己的身躯阻挡了缆车下坠时致命的碰撞，这一挡就真的保住了孩子一条性命。

目睹了这一切的所有人都为年轻的夫妇肃然起敬，这其中不只是对生命的尊敬，还有对于他们在生命最后一刻还担负着保护孩子的责任，让人震撼。

责任是生存的基础，无论对于动物还是人类。责任确保了生命在自然界中的延续，每个人的生命个体都很脆弱，彼此需要关怀和帮助，当你在艰难前行的时候，需要有人可以拉你一把。

2. 毅力

生活中绝大多数人会轻易放弃自己的目标，只要稍微碰到一些困难或挫折，就停滞不前，只有少数人能够克服困难与阻力继续前进，直到实现他们的目标为止。

有这样一个在政坛上叱咤风云的女人：

她用一种执著的精神、强硬的工作作风征服了整个世界政坛。她不是别人，正是玛格丽特·希尔达·罗伯茨，撒切尔夫人的原名。她以坚忍不拔的顽强性格站在英国政权的巅峰，雄视天下。

玛格丽特小的时候就接受了很好的教育，除了学习学校的各门课程之外，还参加了各种补习班，学习钢琴，经常听听音乐会。在她的成长过程中，父亲的教育对她的影响很深。一次，小玛格很想与小朋友一起出去玩儿，可是她的父亲却不允许。并且还告诉她："不要仅仅因为别人做了那样的事你也跟着做，或想去做。拿定主意你要去做什么，说服别人跟你一起走。"从这以后，她一直遵循着父亲的规劝，沿着不同寻常的目标努力，使她养成了坚强刚毅的性格、独立顽

强的精神。

长大后，玛格丽特在英国著名学府牛津大学就读。她阴差阳错地考取了化学系，而她本人更加喜欢法律专业，可是她并没有放弃自己的爱好，甚至在大学期间，用在社会政治活动的时间远远超过了她用在实验室做实验的时间。她钦佩丘吉尔首相，立志要做他那样的一个人。但她深深地知道，通往这条首相之路并非坦途，况且她还是女性，身为女人要想跻身政界、占有一席之地是十分困难的。但是她有着坚忍不拔的性格，更有着一种挑战的欲望及一种不服输的精神。

经过几年不懈的努力和五次竞选议员失败的洗礼，她在24岁时终于当选为保守党下院议员。这为她的政治生涯的奠基写下了重要一笔，也为实现她的政治理想向前迈了一大步。在1971年，她又出任英国的教育大臣，成为保守党历史上第二个进入内阁的女性。她上任后，针对教育中的某些弊端，提出了自己的看法和改进意见，引起了民众的争议。可是她并没有因为民众的争议而裹足不前，相反她还说："一个人如果总是迎合别人，不要别人批评，那么，他必将一事无成。"面对民众的反对，她说："我照旧做下去。"如果没有过人的毅力，她是不会承受住社会各界的舆论压力的，会作出妥协和让步。

竞选需要演讲，以阐述自己的施政纲领。但撒切尔夫人的口音和演讲的技巧，都有需要改进和提高的地方。为了使这些不利因素变成有利因素，她进行了细致系统地学习。经过一番刻苦的训练，她以一个崭新的形象出现在公众面前。她能够在很短的时间内克服自己的不足，这足以说明她性格的坚强和超越自我的精神。1975年，撒切尔夫人竞选保守党领袖成功，理所当然地成了英国历史上第一位女首相。

撒切尔夫人有一个不能改变的性格，就是在处理各种问题以及实施内外政策的时候，会坚持强硬的观点和立场，不留任何余地，这也形成了她的工作作风，尤其是对苏联毫不妥协、让步的强硬态度。当她遇到一系列棘手的困难，她毫无退缩之意，以顽强的毅力面对一切困难。

你的责任与毅力的有无，在很大程度上影响你的人生和你的前途。负责任是一种生活态度，不负责任也是一种生活态度。如果责任成为一种习惯时，就会慢慢成了一个人的生活态度，你就会自然而然地去做，而不是刻意去做。当一个人自然而然地做一件事时，就不会觉得麻烦和劳累。有了责任心，而没有恒久的毅力为支撑，也如昙花一现，美了瞬间，却未必能留下永恒。

宽容与善良

1. 善良

善良的行为有一种好处，就是使人的灵魂变得高尚了，并且使它可以做出更美好的行为。

有这么一个武士来到师父身旁问道：“师父，您能告诉我什么是善什么是恶吗？”只见他的师父轻蔑地看了他一眼，说你这种粗俗、鄙陋的人，还配和我谈善恶。武士愤怒了，突然拔出了刀，架在师父的脖子上，气愤地说：“糟老头，我要杀了你！”这时师父平和地说：“此为恶也。”瞬间武士便明白了，原来易怒的情绪是恶，他于是把刀收回壳中。师父又平和地说：“此为善也。”武士听明白了，心情平和就是善，于是跪下来向师父拜谢。

2. 宽容

如烟往事俱忘却，心底无私天地宽。

对你自己的宽容，体现为宽容别人。在宽容别人的同时，也为你生命中多增了一些空间。宽容是种美德，大事要宽容，小事要宽容。生活中善于宽容的人，无疑也是容易获得幸福与内心满足的人。有宽容的人生路上，才会有关爱和扶持，才不会有寂寞和孤独；有宽容的生活，会让你的人生少一些雷雨，多一点温暖和阳光。宽容永远都是一片艳阳天。

有这样一个故事，一位老禅师在禅院门口打坐，不多时，他站起

身缓慢地向院落走去，当看见立在墙角的椅子时，他恍然大悟，一定是有弟子私自出去玩儿，违反寺规越墙而去。只见老禅师面不改色，他把椅子放到了别处，并且在椅子处静蹲，过了一会儿，果然有人偷偷越墙回来，小和尚踩着“椅子”下到地面，天色被黑暗所笼罩。小和尚双脚落地时，“椅子”居然“站了”起来，小和尚此时才意识到，刚才踩到的不是椅子而是师傅。他目瞪口呆，惊恐万分，然而令小和尚出乎意料的是，师傅并没有责怪他，反倒是告诉他天冷了，多加些衣服。给一次机会并不是纵容，不是免除对方应该承担的责任。人都需要为自己的行为负责，任何人都要承担各种各样的后果。宽容是一种坚强，而不是软弱。宽容的最高境界是对众生的怜悯。

你可以想象到老禅师在说过这些话以后,他徒弟的心情,在这种无声的宽容教育中,徒弟不是被惩罚了,而是被教育了。懂得该宽容什么的人同时也是一个智慧的人。

宽容是在荆棘丛中长出来的谷粒。一次，细心的理发师在给周总理刮胡须时，总理突然咳嗽了一声，刀子立即把他的脸给刮破了。理发师十分紧张，不知所措，但令他惊讶的是，周总理非但没有责怪他，反而和蔼地对他说：“这不是你的错，我在咳嗽前没有向你打声招呼，你当然不知道我要动了。”这虽然是一件很小的事情，却让大家看到了周总理身上的美德——宽容。

别人与你的意见不一致时，你也不会强迫对方接受你的观点，这体现为宽容。去了解对方想法的根源，并找到他们意见提出的基础，就能够设身处地为别人着想，提出的方案也更能够契合对方的心理而得到接受。提高效率的唯一方法，就是消除阻碍和对抗。每个人都有自己对人生的体验和看法，你应该尊重他人的知识和体验，并且积极

吸取其中的精华，为己所用，做好扬弃。

一次，科学家普鲁斯特和贝索勒展开了一场长达九年的争论，定比定律是他们争论的焦点，双方各执一词，不肯退让。争论的结果是普鲁斯特胜利了。定比这一科学定律的发明者的贵冠，被普鲁斯特摘取。然而他并没有因此沾沾自喜，反倒真诚地对曾经和他激烈论战过的贝索勒说："如果没有你的质疑，今天就没有我深入研究的这个定比定律。"

与此同时，普鲁斯特特别向公众宣告，定比定律的发现不只是他一个人的功劳，还有贝索勒的功劳。不计较别人的反对与态度，还长于发现别人的优点，并吸收其精华，让人感动的宽容。

这个世界上每个人都会犯错误，都会有被人落井下石、被别人恶意伤害的经历，这些痛在当时留下了难以抹平的伤痕，然而随着时间的流逝，要能够坦然面对那些落在身上的痛，并且学会用一种宽容的心去面对，不仅觉得自己并没有损失，反而因此从中获益，让自己的心志得到了磨炼。如果仅仅把目光盯在别人的错误上，思想就会变得沉重，对人对事都会有一种不信任的态度，让自己的思维受到限制，同时也限制了对方的发展。背叛，也可以容忍。坚强的人是能够承受住他人背叛的。

在官渡之战，曹操彻底打败了袁绍，他的士兵在打扫战场的时候，向曹操报告说，袁绍的档案中存有许多自己人写给袁绍的书信，有人提出建议，应该把这些人全部找出来，将他们全部杀掉。出乎手下人的意料，曹操说："将这些书信烧了吧，这件事情到此为止。"他的部下非常不解，与敌营私通的人为什么还要留下，不杀头也就罢了，怎么还能一点不追究呢？只听曹操说，以前袁绍那么强大，整个

河北那么大的地方都被他统治着，我都心里没数，更何况是他们了。他们想给自己留个后路，情有可原嘛。

曹操的宽容才是真的宽容。正是他的宽容，才使他统一了北方，为今后三国归晋打下了坚实的基础。

宽容就是忘却。人人都有痛苦，忘记昨日的是非，忘记别人先前对自己的指责和谩骂，时间是良好的止痛剂。学会忘却，生活才有阳光，才有欢乐。斯特恩曾说：“只有勇敢的人才懂得如何宽容；懦夫决不会宽容，这不是他的本性。”那么从现在起，你是去做个勇敢的人，还是做个懦夫呢？

果断与勇敢

1. 果断

一头愚蠢的山羊，在两堆青草之间徘徊，左边的青草鲜嫩，右边的青草多一些，它拿不定主意，最终饿死在它的徘徊不定中。

物犹如此，人生旅途中的我们又何尝不是如此呢？周末你有课业需要完成，可这个时候正好有你期盼已久的直播球赛，你是要继续写作业，还是去看球赛呢？每个人每时每刻都要作决定，这个时候需要果断来为你领航。在人生中，思前想后、犹豫不决固然可以免去一些做错事的可能，但同时也会失去更多成功的机遇。执迷不悟、一意孤行的固执并不可取。你要正视现实，果断地放弃那些使你力不从心却又苦撑硬撑的执著，当你作出清醒的决定之后，你的意志就找到了支点，所有的事物将变得单纯、明朗、宁静，你会很开心，满足于自己的果断。

一天，小男孩军军在外面玩耍时，惊奇地发现一个鸟巢被风从树上吹落在地，只见一只嗷嗷待哺的小家伙从鸟巢滚了出来。他作了决定，要把小鸟带回家里喂养。

军军一边捧着鸟巢一边在想，妈妈不允许他在家里养小动物，他很担心被妈妈批评。当他走到家门口的时候，举棋不定，应该怎么办呢？只见他轻轻地把小麻雀放在门口，跑进屋去请求妈妈。军军苦苦地哀求妈妈，最后妈妈同意了军军的请求。

当军军兴奋地跑到门口时，小鸟已不见了踪影，这时，他看到一只黑猫正在有滋有味、意犹未尽地舔着粘着羽毛的嘴巴。为此，军军伤心了很久。这件事情以后，军军记住了一个教训，自己认定的事情，千万不可优柔寡断。长大后的军军成就了一番伟业，都源于儿时那果断的一课，把那些忧心的烦恼抛之脑后，把那些失败和沮丧全部忘掉，把那些痛苦的记忆封藏，把那许多的过去坚定地踩在脚下。我果断，我清醒；我果断，我成长。

2. 勇敢

欢欢走到父亲身边，对他抱怨说："为什么事事都那么艰难，一个问题还没有解决，又出了另外一个问题，生活为什么总是这个样子。"应付生活对欢欢来说，是件很困难的事情，她没有了生活的勇气，厌倦了抗争、奋斗，想自暴自弃。

爸爸带着欢欢来到了厨房，他分别向三只锅里倒入一些水，打开了燃气，几分钟后锅里的水全部沸腾、泛着水花。爸爸一句话也没有说，又将胡萝卜、鸡蛋、咖啡豆分别放进了三只锅里。欢欢聚精会神地观看着爸爸的每一个动作，过了二十分钟时间，她溜号了，感觉也没有什么可看的，于是咂咂嘴，想要出去玩儿。爸爸看出了她的不耐烦，于是爸爸将火关闭了，将三只锅内的胡萝卜、鸡蛋、咖啡豆捞出来，分别放在三个碗内。当他把三个碗摆在欢欢面前时，转过身问她，"欢欢，你看见什么了？""胡萝卜、鸡蛋、咖啡。"欢欢答道。"摸摸胡萝卜。"她摸了摸，感觉到胡萝卜有些软了。父亲又让欢欢手拿一只鸡蛋并打破它。将鸡蛋壳剥掉后，她看到了一只煮熟的鸡蛋。最后，他让她喝了咖啡。品尝到香浓的咖啡，女儿笑了。她胆

怯地问道：“爸爸，这是什么意思呢？”

父亲解释道，在同样的逆境面前——煮沸的开水，三种事物有不同的反应，其结果就不相同。当把胡萝卜放入锅里之前它是厚重强壮的，结实的，毫不示弱的；可是被水煮过之后，胡萝卜变软了，变弱了。没有放入水之前，易碎的是那只鸡蛋，因为仅仅有一层薄薄的外壳保护着它液体的内脏。可是经过水煮，鸡蛋的内脏变得坚硬了。独特的是粉状的咖啡豆，当它放入水中煮时，使得白水变成了咖啡。爸爸问欢欢：“胡萝卜、鸡蛋、咖啡豆，你更像哪一个呢？每逢苦难找上你，你又如何反应呢？胡萝卜、鸡蛋、咖啡豆你想做哪一个？”

朋友，看到这儿，你又想做哪一个呢？那个看似强硬，可是一遇到痛苦和逆境就第一个畏缩、软弱的人是你吗？你要当那失去了力量的胡萝卜吗？那个之前个性感情不定的人，当遇到死亡、分手、离婚或失业而变得坚强、倔强的人是你吗？也许你的外表与从前没有两样，可是因为有坚强的性格和丰富的内心而变得强硬。你要当内心可塑的鸡蛋吗？那个豆子让给它带来痛苦的开水改变了，而且是在它最痛苦的时候，心灵得到了升华。达到沸水的高温时让它散发出醉人的芳香。如果你像咖啡豆，即使在情况最糟糕时，你也不会暗淡，反而会有一鸣惊人的表现，使得周围的一切随之改变，状况越来越好。你要当咖啡豆吗？我听到了你心灵深处的呼唤，你想像咖啡豆一样勇敢。

生活对于每个人来说，都是弥足珍贵的。你永远没有后悔的机会。所有的快乐和伤痛，所有的微笑和泪水，只代表过去。选择了生，就放弃了死；选择了希望，就放弃了失望；选择了今天，就别再留恋昨天。从现在起，调整好你的心态，对于那些失去的坦然面对，

学会忍受失去，你的胸襟会变得更加宽广、豁达，把你的眼光再放远些，设定好自己的人生目标，为成就一番事业而努力拼搏，勇敢地面对自己，面对生活。

热情与勤奋

1. 热情

在你的生活中，是否存在着这样一种人。他能够敏感地捕捉到生活中精彩的瞬间，他并不高大，然而胸怀却很宽广；他不刻意地去与人结交，却收获了真挚的友谊；他以自己所从事的工作为乐，不但能以更高昂的斗志去迎接生活中的每一次全新的挑战，而且还能够让这份高昂的斗志感染他身边的人；他对人真诚而且虚怀若谷……。他怎么有如此大的力量呢？让钢铁大王卡耐基的座右铭来告诉你答案：

你有信仰就年轻，
疑惑就年老；
有自信就年轻，
畏惧就年老；
希望就年轻，
绝望就年老；
岁月使你皮肤起皱，
但是失去了热情，
就损伤了灵魂。

现在你知道答案了吧！一个人拥有了热情，就会有很强的感召力，与热情的人为伍，你也会充满活力之光。

有这样一个故事，说的是三个人盖房子，一个人盖一间。开始盖

房的时候，第一个人比其他两个人表现得都要积极，可是几天以后，他就变得极其不耐烦，厌倦了周而复始、千篇一律的生活，心里还在偷偷地想“费这么大的力气做什么呀！又不是给我自己盖房子住”，于是他草草地，把一间房子盖好，速度比其他两人都要快，可是盖好的房子看起来歪歪斜斜，随时就要倒塌一样。

和第一个人想法相同，第二个人盖了几天同样也感到枯燥和不耐烦，可是他转念一想，“别人让我盖房子是相信我能够将它盖好，而且还收了别人的钱，自己有责任把房子盖好”，抛开了杂念，他继续细心地盖房，认认真真地盖好了一间房，盖好的房子很坚固。

与前两个人不同的是，第三个人盖房时很开心也很快乐，他享受着工作带来的无限快乐。他一边工作一边在心里暗想：“等房子盖好以后，在房前种一些花草，在房后再建一个游泳池，一家人其乐融融地住进来，那该多好啊！盖房子真是一件幸福的事情。”越想越高兴，他以更大的热情去盖房，盖房子的过程中他加了不少自己的创意。第三个人盖好了一间房，房子看起来牢不可破，而且还很美观。

又过了几年，三个工人在路上碰到了，彼此得知，第一个工人还继续找着工作，第二个工人仍然本本分分地给人盖房，而第三个工人则成了有名气的企业家。

有一位青年，他这样说道：“在我的生命中，我通常把自信、自尊和热情作为我的伙伴。因为自信使我能够应付任何挑战，自尊使我表现得更出色，热情使我有了快乐的生活。”热情是他生命中最大的财富。这种价值远远超过了权力与金钱。

在他很小的时候就喜欢看一些图标。长大后，他从事的工作就与设计有关，终于可以把儿时的梦想变成现实，他很陶醉于自己所喜

欢的工作。他能够用欣赏和享受的心情去工作，而且还长久地保持着充足的热情去做事情。他平时在工作中，会从客户的角度去构想，把他们的想法付诸实践，所以他的设计作品一般都得到了客户的好评。他的理念是，只有互相沟通配合才会有更适合市场的作品出现。年轻人的观点就是，如果你换个角度去看，很有可能就有新的创意作品。热情，就像是对人有益的空气一样，是人类最好的朋友。它像一股暖流，可以使人们产生火一般的力量，勇敢地在逆境中崛起，一切的困难、失败和挫折都不能阻挡它前行的路。

生活是美丽的，可是很少有人会发现它的美好。甚至对它的美熟视无睹。发现生活的美好，不仅能够让你汲取到美味，而且还可以迸发出你的激情。它简直是上帝的杰作，让人们感谢上帝垂爱的同时，也把精力全身心地投入到工作之中。能够以执著的奋斗向自己的目标进军，能够用拼搏之火将自己铸造成一座不朽的丰碑，能够使人以更加积极的态度去面对生活，能够使人体会到美好生活的真谛。热情有时会摧毁偏见与敌意，让那些懒惰逃跑。它还是行动的信仰，用这种信仰来指导生活，无论做任何事都会战无不胜、攻无不克。做一个充满热情的人吧！

2. 勤奋

有人问爱因斯坦成功的秘诀是什么时，他是这样回答的：“一共有三个秘诀：第一，艰苦的劳动；第二，正确的方法；第三，少说空话。”劳动的果实最甜美，劳动最光荣，要学小蜜蜂，用勤奋创造好生活。

一位年轻人前去一家著名的软件公司应聘，令人感觉奇怪的是，

这家公司根本就没有刊登过任何招聘信息。这让经理非常疑惑不解，于是年轻人用蹩脚的英语解释说他自己恰巧从公司经过，就贸然进来了，请总经理多多见谅。这时候总经理不再感觉疑惑，取而代之的是新奇，于是总经理就破例让他试一试。出人意料的是，他的表现相当糟糕，面试的结果一塌糊涂。年轻人对公司经理解释说："由于我来这之前没有任何准备，所以希望你给我一些时间准备。"当时经理以为年轻人只不过是爱面子，给自己找个托词下台阶罢了，就随口说道："那你准备好了后再来吧。"

经过了一个星期的准备，他再一次步入了软件公司的大门，然而不幸的是，这次他的努力依然没有给他带来好运。不过与第一次面试相比，进步很快。这一次经理给年轻人的回答是："那你回去准备好了再来面试吧！"周而复始，年轻人前前后后一共五次踏进这家公司的大门，工夫不负有心人，到了最后，他终于被公司录用了，而且还成为了公司的重点培养对象之一。

在人生旅途上，也许前面布满了沼泽，甚至是荆棘丛生；在追求风景时，也许总是山重水复，永远看不到柳暗花明；又或许，你被那沉重、蹒跚的步履牵绊，而延缓了你前行的路。然而你的心中却有着热情与勤奋的种子，它或许在黑暗中摸索很长时间，但依然能够寻找到光明、茁壮成长。不要让你虔诚的信念被世俗的尘雾所缠绕，你要自由地翱翔；更不要让你那高贵的灵魂在现实中寻找不到依托，你要有属于自己的那一方净土。你要有勇敢者的气魄，坚定而自信地对自己说："我可以做到！"

节俭与爱心

1. 节俭

一位在中央党校进修的领导，被新任命为当地的父母官，于是提前结束了学习，回去就职。有人为他饯行，选在了一家星级酒店，各种美味应有尽有，领导们吃得不亦乐乎。一小碗海参三百元，十人就是三千元，一顿饯行饭下来，近达两万元。

现在追求高品质生活已成为一种时尚。然而，一些无知的人竟把奢侈当成了高品质，奢侈生活被人们当做了追求高品质生活的终极目标，这就必然助长社会上的奢侈之风。于是我国成为了发达国家奢侈品最大的倾销地，同时也成为世界最大的奢侈品消费国。

单就个体来说，没有考虑自己的实际需求，不是豪华的房子就不住，不是名牌进口的化妆品就不用，不是知名服饰不穿；之于社会而言，奢侈之风大行其道，打造奢侈的办公环境，建筑奢侈的楼群，就是在边远的贫困区域，依然是乐此不疲。这种无节制地消耗、挥霍和浪费社会财富的竞赛，似乎成了人们追求的高品质生活，这与节约型社会的建设目标风马牛不相及。我们的社会需要节约，我们的人民需要节俭。

事实上，高品质生活是离不开节俭的。节俭，既不是要人们刻意地去过苦日子，一顿饭用三顿来吃完，也不是要你去当苦行僧。它应该是一种生活态度，是一种积极乐观的态度。它教会人们要珍惜资

源、珍爱环境，在精神上达到一种高度。如今我国面临着资源短缺、能源紧张，所以节俭尤为显得弥足珍贵。如果你富有，就请你把奢侈的钱捐给希望工程，那里有多少双渴盼上学的眼睛。同时也要从节约每一度电、每一滴水开始做起，为营造一个可持续发展的节约型社会奉献自己的一份力量。成由勤俭败由奢的古训，应当是我们的座右铭。不妨看一下国内外人士是如何教子节俭的。

在北宋时期，力戒奢侈、谨身节用，成为司马光教育孩子的重心。他曾经这样说："视地而后敢行，顿足而后敢立。" 这在他的那本《答刘蒙书》中有所体现。当时，他在写《资治通鉴》时，找来许多助手，除了范祖禹、刘恕、刘攽三人外，还有他自己的儿子司马康。

一次，儿子读书用指甲抓书页，被他看到了，他非常生气，于是就细心地讲道理给儿子听，教他爱护书籍的方法：在读书前，首先一定要把书桌擦干净，然后再垫上桌布；在读书过程中，端端正正地坐好，腰挺直；在翻书页时，要先用右手拇指的侧面把书页的边缘托起，然后再用食指轻轻盖住以揭开一页，不要随便折书。

居里夫人对女儿的爱，是一种理智的爱，在生活上她要求女儿"俭以养志"，并对她们严加管束。她对女儿说："贫困固然非我所愿，但过富也不一定是好事。必须依靠自己的力量，谋求生活。"在生活的小事上，她不忘培养女儿们节俭朴实、轻财的品德。教导她们不能凭空想象、不务实际。她还告诫两个女儿："我们应该不虚度一生。"同时，居里夫人还培养她们勇敢、坚强、乐观的品格。

居里夫人教育她的孩子们要热爱祖国。她教她们学习波兰语，用自己的实际行动——致力于帮助祖国科学发展和波兰留学生的行

动——感染着两位女儿。

2. 爱心

二十年前，保尔为了完成学业，就利用零散的时间打工赚钱。有一天，当他正在挨家挨户地推销商品时，饥饿难忍，保尔摸遍了全身，却只有几角钱。“还是向下一户人家讨口饭吃吧！”他在心里默默地想着。

保尔瑟缩在冷风中，鼓起勇气轻轻地敲了下一户人家的房门。为他开门的是一位漂亮的小女孩儿，刹那间，保尔有些手足无措了。他开不了口，最后只向小女孩儿乞求给他一口水喝。小女孩儿感觉到保尔一定是饿坏了，于是给他倒了一大杯牛奶，保尔慢慢地喝完牛奶，问道：“我应该付你多少钱呢?”

小女孩儿微笑着回答：“对别人给予爱心，不要求任何回报。这是我妈妈常常教导我的一句话，所以你一分钱也不需要付。”保尔说：“请您接受我由衷地感谢吧!”说完，他转身离开了这户人家。保尔顷刻间充满了斗志，他更加相信上帝和整个人类了。

二十年后的一天，当年的那个小女孩儿得了一种奇怪的重病，所有医生对此束手无策。在医生的建议下，小女孩儿被转到大城市医治，由各方专家会诊。名声四起的保尔医生也参加了此次会诊。当保尔听说病人是来自二十年前的那个城镇时，小女孩儿那可爱美丽的面孔霎时闪过他的脑际，同时也有一种奇特的想法，于是他马上起身直奔她的病房。

保尔医生身穿手术服来到病房，一眼就认出了病人就是当年对他施恩的人。他回到诊室后，下决心一定要竭尽所能治好她的病。从那

一刻起，保尔每天都特别关照着这个对自己有恩的病人。

在保尔以及各方专家的努力与协作下，手术成功了。保尔要求把医药费通知单送到他那里，他看过通知单，在通知单的边白上留下一行字。有人把医药费通知单送到小女孩儿的病房时，她担心得不敢看。她认为，这次治病的费用恐怕要用她整个余生来偿还。不过，她终于还是鼓起勇气翻开了医药费通知单，在通知单旁边的那行小字引起了她的注意，她禁不住轻声读了出来："医药费已付：一杯牛奶。(签名)保尔医生"

喜悦的泪水溢出了她的眼睛，她默默地祈祷着："谢谢你，上帝，你的爱已通过人类的心灵和双手传播了。"

学习与思考

在一个伸手不见五指的夜晚，许多老鼠在首领的带领下，出外觅食。它们停在了一个饭店的后门，因为门口边有个垃圾桶，那里面盛着很多剩余饭菜。这些老鼠非常高兴，它们终于可以美美地饱餐一顿了。

就在一大群老鼠大吃特吃之际，远处突然传来了一阵令它们心惊肉跳的声音，就是它们的克星发出的喵喵喵的声音。它们震惊之余，四散逃命，那只大黑猫在后面穷追不舍，其中有两只小老鼠逃避不及，没有逃脱大黑猫的利爪。在猫要吞噬它们的一刹那间，传来一连串凶恶的狗吠声，大黑猫吓跑了。

大黑猫跑开后，只听那老鼠首领从垃圾桶后面大摇大摆地走出来，说："我很早以前就对你们说过，一定要多学一种语言，这对你们有百利而无一害，经过这件事以后你们就明白了吧。"

这虽然仅是个笑话，但其中却蕴涵着深刻的道理，多学一门技艺，就多一条路可走。成功人士的最大秘密武器，就是终生学习。华人首富李嘉诚说过这样的话："不会学习的人就不会成功！"他认为人生就是一个学习的过程，直到今天他仍然坚持不懈地学习，坚持从中英文报刊上吸收各种知识。

只会学习而不去思考，便会像传播学中的电视"容器人"，只知道被动接受而失去思考力，社会需要的是一种善于思考的人，这样的人一定会有好的生活。

自由与梦想

自由与梦想就像是鸟儿的两只羽翼，没有任何一方，都将无法展翅翱翔，而自由则是实现梦想的前提，没有了自由，将失去存活于世的意义。梦想也许是虚无的，永远不可能实现的，但它却是人们追求幸福生活的原动力。

有这样一个故事：

一个14岁的小男孩儿，住在北奥尔卡纳州，他时常会把一些小动物捉回家，放到笼子里。而经过了一件事情以后，他再也没有了这种兴致。

小男孩儿的家在林子附近，每当夕阳西下的时候，他都会被一种美妙动听的声音所感染，这种声音不是人间的各种乐器能够取而代之的，也没有哪种乐器能与它媲美。经过他几天的观察，终于被他发现了，唱出这美妙绝伦歌声是一群来自美洲的百灵。

要是能天天听到那优美的曲调多好呀！于是，他下定决心，一定要捕到一只百灵鸟放到他的笼子里，天天给他唱歌。三天后，他捕获了一只小百灵鸟，当他把百灵鸟放在笼中时，小百灵鸟异常恐惧，并且在笼中飞来飞去，不住地拍打着翅膀，可是它的挣扎只是徒劳，时间久了，它也不再想出笼子了，接受了这个新家。每次当小男孩儿站在笼子前的时候，百灵鸟都会动情地歌唱着，它简直就是小男孩儿的音乐家，小男孩陶醉在这美妙的音乐中，心中感觉到无限的快乐。

小男孩儿把鸟笼挂在他家前院的一棵树上。有一天，当小男孩儿

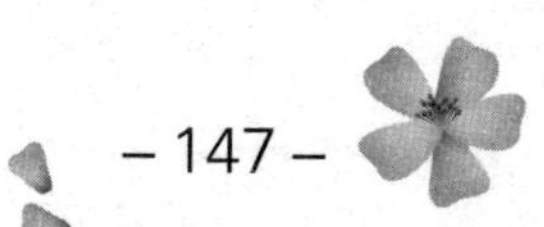

趴在窗口正要准备去听小音乐家歌唱的时候，他发现有一只鸟在笼外正让小百灵一口一口地把食物吞咽下去。小男孩儿心想，多好呀，以后我不用给它喂食了，有它的妈妈在照顾它呢？真是件令人开心的事情。

然而好景不长。次日清晨，当小男孩儿走到前院，来到小百灵笼边时，他看到小百灵静静地躺在笼子下层，悄无声息，它死了。小男孩非常的疑惑，昨天还好好的，怎么今天就死了呢？

直到后来，小男孩儿当鸟类学家的叔叔来他家小住，他把小百灵的事情告诉了叔叔，他的叔叔听后，作了科学的解释："当一只美洲百灵鸟妈妈发现自己的孩子被关在笼子里后，就会喂毒莓给小百灵吃，因为在百灵妈妈看来，孩子死了总比活活地被关在笼中要好过得多。"

从这件事后，小男孩儿再也不去捕捉任何小生命关进笼中了。因为小百灵的死，是他一手造成的，同时，他也懂得了生命存活的意义。这便是对自由生活的美好追求。

还有这样一个故事：

在一个小国家里，人们的生活并不富足，有的甚至很愁苦。然而人们脸上都绽放着阳光般的微笑，并且愉悦与幸福溢于言表，是什么让他们生活得如此开心呢？原来是因为有老魔术师保利的存在，他备受当地人民的尊重，堪称当地快乐的源泉。

每当老保利在国家大剧院表演魔术的时候，剧场里总是座无虚席。他出神入化的表演令观众折服，人们也在欣赏节目的过程中获得莫大的满足，他们的心情感觉十分愉悦。虽然大家都知道魔术一定是假的，但还是沉浸其中，因为在那个魔术世界里，老保利似乎无所不

能，它超越了现实，这构筑了人们精神上的一个楼阁，让人们被那个梦境所吸引。把不可能变成现实，也是人们对于生活的一种美好向往。这其中有几个经典的魔术尤为吸引大家。

其一是百变美人，其二是高空飞人。人们总是能够看到老保利在高空中飞来飞去，就像是一只自由的鸟，还能够看到一个女孩儿一会儿是个不谙世事的小朋友，一会儿又变成了清丽脱俗的妙龄女子，一会儿又变成了年轻的母亲，一会儿又变成了妖艳动人的女王。人们大为惊奇，总是好奇地想知道这一切老保利都是如何做到的。有人就直接去向老保利讯问，他却笑而不答。时间久了，大家也就很少去问他了。

过了几年，老保利年岁已大，就把他的技能都传授给了小保利。小保利天资聪颖，用他那精彩的演技博得了观众的好评与喝彩。同过去一样，人们在小保利的魔术世界里愉快地生活着。在一次演出的闲暇，小保利向观众展示了几个小魔术的表演方法，他看到观众十分好奇，而且兴趣十足，他想要是把所有的魔术表演方法都向观众展示，他们一定会更加开心的。同时，他也认为观众会更喜欢坦诚的魔术师，会认为他们更加对自己的工作负责。于是，他不顾老保利的反对，在以后的表演中，加入了提示魔术秘密的环节。在接下来的几天里，剧院里排满了人，每场爆满，因为观众都想知道魔术表演的秘密，他们知道了百变美女，不过是身上同时有数套的衣服一层一层地叠加。而空中飞人不过是在演员的身上系着一条细细的透明钢丝。

回到家后，小保利把每天剧院的热闹情形兴高采烈地讲给父亲听。老保利听后，沉默脸上露出几许痛苦与无奈。小保利随着观众的日益减少而苦恼，从小保利开始把魔术的所有方法揭示以后，每天来

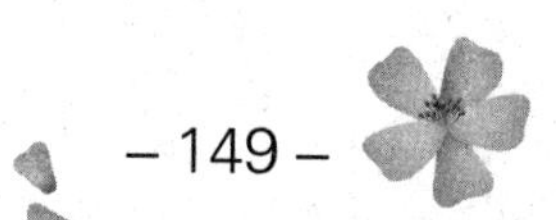

剧院看魔术的人日益减少，最后整个剧院空了下来，再也没有人来观看小保利的魔术表演了，人们也没有以前的快乐了，一天一天地愁眉不展。

小保利迷惑不解，他问父亲人们为什么会变成这个样子?

老保利答道：“你把人们心中的美好梦境给点破了，他们没有了梦想。而人活着是需要梦想的。”

放飞希望，放飞梦想。

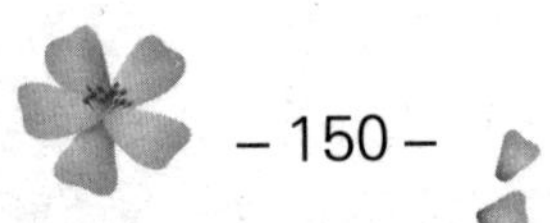

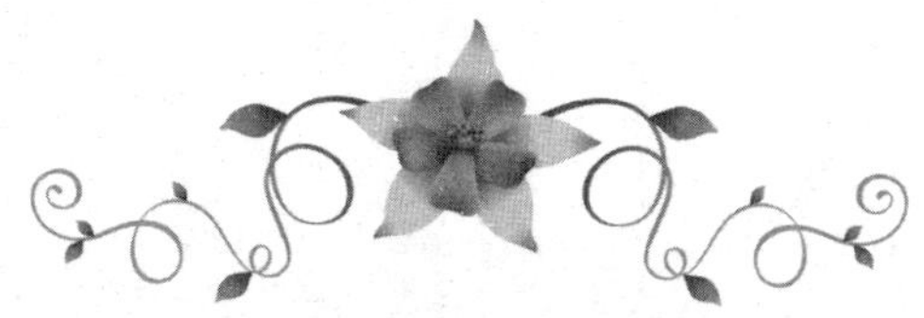

第六章 品味生活选择很重要

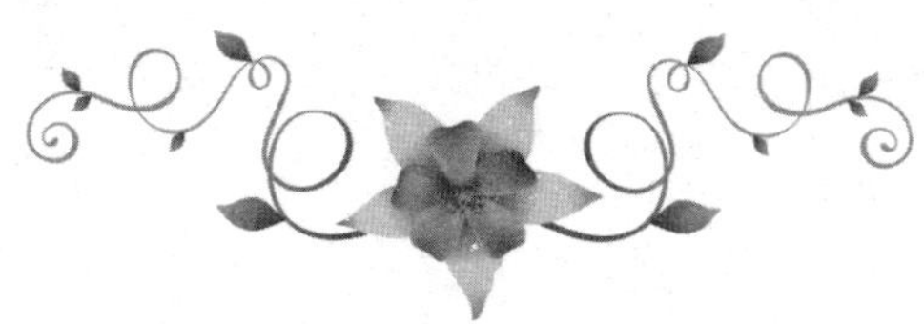

我们的生活，要有所选择，也要有所遗弃。有舍有得，这才是舍得。对于人生的每个阶段均要适度把握。否则，顾此失彼的生活，终究不是品味生活。

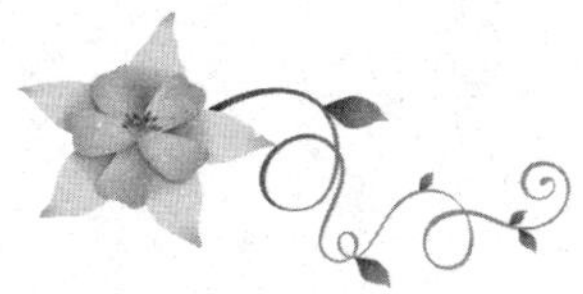

人生处处是选择

人生处处是选择，当你从梦中醒来，从睁眼睛开始，你就在选择。选择几点起，穿哪件衣服去上班，早点吃些什么，周末看哪部电影，是去探望姐姐还是和朋友出去逛街，是去会会久违的大学同学，还是一个人在家里静静地听听音乐，看看自己喜欢的书籍。女孩子要在众多的追求者中考虑哪一位适合自己；男士要在许多的工作机会中找到自己满意的。这些选择有大有小，每一个选择连成串，累积起来就是你人生选择的结果。鲁迅弃医从文，成为了文学巨匠；梵高放弃了他的传教事业，成了著名的画家。如果放弃是对生命的过滤，是对自己的重新认识和发现，那么选择是对生命的跨越，是对生活的主动驾驭。

生活之中，好多人都是聪敏智慧，思维严谨，既勤奋又闻多识广，可在选择的问题上却常常打败仗，总是在有意无意间选择了最坏的东西，似乎要特意显露他们做错事情的本领似的。看来知道如何做选择是老天赋予我们最伟大的才华之一！要充分地运用它呢！

一位从美国回来的友人说："在美国生活的这几年，给我印象最为深刻的就是我们国人不会选择。"国内的一个代表团去美国考察，美国的工作人员问团长："先生，早餐想吃些什么？"团长回答说："随便吧！"工作人员感觉很疑惑，随便是什么呢？当问到行程安排的时候，回答依然是："随便吧！"而美国人到国内时，我们首先请客人喝茶，他们同样也感觉很疑惑："为什么不问我想喝些什么呢？

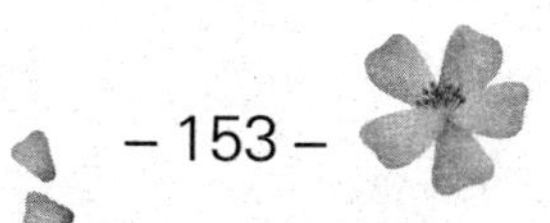

白水、饮料、咖啡，即使是茶也有凉、热之分吧！”

人生是需要选择的，也许选择的对与错，会决定成功与失败。可我们仍然要去选择。每个人都有自己的优点和缺点、短处和长处，在你的人生当中，是否因为没有做出正确的选择，而错失了一些获得成功的机会？假如给你一种可以洞悉未来的力量，但是会要求你付出代价，你愿意吗？假如给你能够推算未来的力量，你能够把握住机会吗？只有用选择来开始每一天的生活，才能使你过个明明白白而非昏头昏脑的一天。相信在你的身上蕴藏着潜力，你要去追求更高的成功，在自我发展及自我成就的路上急流勇进，而这一切的起点，就是做出的选择。

女人有个可爱的儿子。她通常有个习惯，就是会接连不断地告诉儿子如果他犯了错误，上帝就会惩罚他。结果这个小孩总是生病。女人简直要疯了，她不知道该怎么办好。当她选择告诉她的儿子上帝爱他的时候，事情就发生了变化。是什么带来了变化？是上帝使这一切发生了变化吗？是这位母亲，她选择了一种正确的方式将上帝展现在孩子面前，这改变了孩子的生活，也改变了她自己的生活。

我们必须意识到，没有任何我们自身之外的东西会伤害我们。

如果我们选择将车开得太快，以至于它最终失去控制，又应该怪谁呢？如果我们要把钱带进棺材，成为“坟墓中最富有的人”，却使自己成了病人的话，又应该怪谁呢？如果我们没有学会怎样生活，我们应该怪谁呢？怪上帝?啊，不！不能怪任何人。上帝爱你，他不会伤害任何人。我们没有正确地运用上帝赋予我们的最大的力量：选择的能力。这样我们便伤害了我们自己。

选择是上帝赋予的能力

上帝赋予每个人以至高无上的权利——选择,他赐予每个人的机会是均等的，所以说这份权利是公平的。选择一个怎样的人生，取决于你自己，上帝不会告诉你要如何去选择，他只会善意地提醒你，人生会因选择的不同而不同。一个人的命运，是他无数选择累积的结果。每个人都是自己命运的编导，你的人生之戏是惊心动魄、流光溢彩、委婉曼妙、超凡脱俗，都是你选择的结果。

有三个犯了罪的人，要在监狱里服刑三年。服刑前，监狱长可以满足他们每人一个愿望。比较喜欢抽烟的那个人，选择要了三箱雪茄。怕孤单的那个人，选择了要一个美丽的女子，因为有女子的陪伴他就不会感到孤单了。而第三个人却很奇怪地要了一部能够与外界保持联络的电话。三年以后，三个人同时出狱了，要烟的人出来后就迫不急待地说：“我要火、我要火。”原来他只顾着要烟而忘记要火了。怕孤单的人出来的时候，他怀里还抱着一个婴儿，而肚子大大的美丽女子手牵着一个宝宝，一家人其乐融融。那个要电话的人出来时，非常感激地走过去对监狱长说：“为了表示感谢，我送你一辆车。”原来，这三年来他一直与外界保持着联系，以至于他的生意不但没有停顿，反而获利更多。每个人有一次相同的选择机会，而选择的结果却不同。

父亲把两个同时考上大学的儿子叫到身边，对他们说：“因为家里穷，供不了你们两个人，所以你们两个抽签决定，抽到上学的就

去上学，另外一个在家种地。”于是父亲让弟弟在两个空白纸条上写字，一张上面写去，另外一张写不去。写完后，就让他们兄弟两人抽，弟弟让哥哥先抽，兄弟两人的目光充满了激动与渴求，他们的命运将从此时的选择被改变。最后哥哥抽到的纸条上面写着不去，他抹了一把泪，什么话也没有说，拿起锄头就跑出了门。七年后，弟弟在读大学的城市里找到了一份满意的工作，月薪过万元，而哥哥还是面朝黄土背朝天，日复一日在田里劳作，一年下来，辛辛苦苦赚的钱还不及弟弟两个月的工资。一个小小的选择，改变了一个人的一生。既残酷而又真实。

佛洛门在成功之初，想要演出一场戏，是别人已经演过却挫败的戏，当他作出这个决定时，受到了一些“内行”的嘲笑，他们劝他不要做这幼稚无知的事情，与其做这种事情，还不如在家大睡一觉。然而他并没有把他们的讥笑放在心上。

由于这部戏有过失败的历史，所以有许多戏院都把它从节目单中剔除了，它被认为是一部注定要失败的戏，可是佛洛门却花一大笔钱把戏本买过来。他有一个在戏剧界久负盛名的朋友，劝他不要演这出戏剧，他认为佛洛门的行为近乎白痴。最后，佛洛门用事实证明了他的勇敢并不是“白痴”的行为。当戏剧上演时，场景非常壮观，观众每天都挤得水泄不通，可以说是演艺界的空前盛况。

佛洛门是碰到好运了吗？他的行为是与赌博一样吗？不，是因为他坚信自己的选择，也勇于选择，他还知道自己的命运掌握在自己的手中。他认为：“自己觉得已有十分把握时，尽可能不顾别人怎样批评，就是要勇敢地去做就行。”

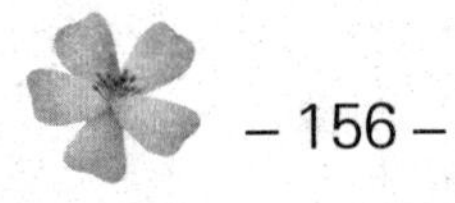

选择与快乐为伴，你就成功了一半

愉快可以使你对生命的每一跳动，对于生活的每一印象易于感受，不管躯体或精神上的愉快都是如此，可以使身体发展，体格强健。

每天清晨醒来，我都会感觉到很兴奋，因为新的一天跳跃着向我走来。

当与朋友在一起的时候，我会感觉很开心，而且什么也不需要考虑，情绪激昂。

当想到父母时，我的心里有无限的暖意，更让我感到欣慰的是他们非常尊重我的选择。

当想到大学生活时，我会恋恋不舍那段美好的时光，有浪漫，有感动，有激情，有开心，有愉悦。

当想到健康时，我会以超人定义，因为我从来很少生病。

当有人要求我去做一些我并不喜欢的事情时，我会表明我的立场，说出我的“不”。

当我站在镜子前时，我不会自怨自艾，我会看到自己的闪光点，比如有一双漂亮迷人的眼睛，皮肤白皙、青春亮丽，而且有种美美的自信。

遇到不开心事情的时候，我的情绪也许会低落些许，但是我坚信，这些不愉快的事情很快就会过去的。

我一直渴望有大量的时间做自己喜欢的事情。

我深信自己是与众不同、独一无二的，而且我比别人突出。

如果你的生活与这些情况大多数相符的话，我在此要恭喜你，恭喜你是个快乐的人。想要获得快乐很容易，就是不去想难过的事情；但同时也很难，就是有些时候由不得你不想。对人生不必怀着恼恨，当然也不必过于忧虑。倘若我们遇到了突然的灾难或挫折，不妨把它看成一场突如其来的狂风暴雨，当时你也许会感到惊慌失措、痛苦难当，但不久之后，就会雨过天晴。

请你远离那些说你办不到的人吧，你大可把他们的警告看成“证明你一定能办得到”的挑战，仅此而已。

大兵上大学的时候，一连好几个学期都和W同学在一起，他是个好人，是在你缺钱的时候借钱给你，或者帮你忙的那个人。虽然他有这种美德，但是他对自己的生活、前途和各种机会却尖酸刻薄，吹毛求疵。

每当同学们谈到如何出人头地时，这位老兄就抢着说他的发财公式。他是这么说的：“大兵，目前只有三个方法可以名利双收：第一个就是跟一个富婆结婚；第二个就是去抢劫；第三个就是想尽所有的办法拉关系，以便有机会多认识一些有头有脸的大人物。”

他时常举例说明他的发财公式如何管用。他会从报纸上挑出某个社会新闻来证明他的看法。例如，一个非常著名的劳工领袖居然把所有的基金卷走潜逃。他还会一边张大眼睛看那“水果小贩跟富婆结婚”的花边新闻，一面故意大声念给大兵听。此外，他还知道有一个家伙利用第三者的关系辗转认识了一个“大人物”，因而争取到一笔大生意，发了大财。

大兵不知不觉受到他消极观念的影响，陷入了所谓的成功的旋

涡。

一天晚上大兵跟一位老师谈了很久，大兵受到了很大启发，发觉自己由于倾听悲观的言论过多，以至于束缚了自己。

从那时开始，大兵就再也不相信W的话了，只是去分析这个人而已。

往后十一年间，大兵一直没有再见过他，但是有一个他们都认识的朋友几个月以前曾见过他。他在另外一个城市做绘图员，收入很低。大兵问这位朋友："他的作风有没有改变呢？"

"没有！还是老样子，如果一定要说他有点儿改变的话，就是他比以前更消极而已。我们知道他确实很有头脑，如果肯动脑筋的话，可以赚到五倍的收入。只是他不会用。"

消极的人随处可见。千万要小心那些消极的人，不要让他们破坏你的成功计划。

当你有任何困难时，要找第一流的人物来帮你出主意才好。

想要生活得快乐，有一个最好的办法就是要远离那些使你不快乐的因素，同时与快乐为伴，把你的快乐传递给别人，让别人被你的快乐所感染。当你拥有快乐时，便会发现生活中没有任何困难是化解不了的，你会被一种强大的磁场吸引，飞向生命的快乐之峰。

有一种选择叫做放弃

生活中，每个人想追求的东西都很多。要是把眼光都放在那永无止境、毫无意义的东西上，那么这种纠缠就是永不停歇的。有时候，你会发现，你拼命去追求的东西恰恰是你应该放弃的，而那些你本应该放弃的东西，你却如视珍宝般地执著追求着，到最后一切都成了虚无，只留下一声叹息。如果说执著是一种精神，那么放弃则是一种勇气和境界。人生有限，不要把时间和精力放在漫无目的的事情上，忙忙碌碌、终无所成的人生不属于你。

在一个荒僻处，有一个原始的部落，生活着很多黑人。尽管这个部落与现代文明隔绝，可是黑人的生活却自足而又快乐。

在一个下着雨的傍晚，一个黑人从外边打猎归来，不经意间发现了一个从天而降的饮水器皿，于是他把这个奇怪的东西带回了部落。部落里的人从未见过这个“怪物”，那是一个质地坚硬，放在阳光下观看还发着奇异的光的东西。还能用它吹出美妙的声音，于是族人们坚信，器皿一定是上帝赐给他们的一件礼物。接下来，这个器皿被人们互相传递，爱不释手，每个人都希望器皿在自己的手里多停留一会儿。过了一段时间，部落的人们经常因为试图得到器皿而打架，他们的生活失去了往日的宁静，究其原因，就是因为这样一个突然降临的器皿。

回顾往日的平和与安宁，那个平静祥和的家在他们的眼中悄失了，他们看到的只是这个器皿。部落里有一个智慧的人，决定把这个

邪恶的东西送走，因为它改变了部落的生活，所以他要把器皿归还给上帝……。他决定把它送到天边。

天边有多远，聪明人不知道，然而他知道怎样让人们继续生活得安宁祥和。有了这样一份舍弃，让我们发现这一刻的世界，比前一刻的世界更美，更富有人情味，也许，这已经够了。知道在适当的时候拒绝某事。有所选择就要有所放弃，有所选择当然也要有所拒绝。这样才会快乐地生活。

有人说过："你要有良好的品位和正直的判断能力，只靠智力和运用能力是不够的。没有明察和适当的选择就不可能有完美的结果。这涉及到两种才华：能选择的才华和能够做出最佳选择的才华。"

有这样一个故事：在狒狒经常出现的区域，有人会放上一些口小身大的玻璃瓶，瓶里放着一些小果子。当狒狒伸进手抓拿果子的时候，隐藏在暗处的人就故意大叫一声吓狒狒。由于它舍不得到手的美食，爪子就被瓶口卡着出不来，没办法不得不带着瓶子逃跑。跑不快的它很快就被逮着了。这些狒狒只要被捉到，就逃脱不掉任人摆布的命运。它们会被送到马戏团去表演节目。细细想来，之所以狒狒会有这样的结局，就是因为它们没有人类聪明。要不是因为贪吃那些果子，它们的爪子就可以抽出来，有希望逃跑。正是因为它们选择了果子，所以就选择了一生的悲剧命运。小动物一个选择上的失误，给它们带来了一生为他人卖命的命运，这与山林间自由嬉戏的猴子相比，可是天堂与地狱的差别啊！有的时候，人也是如此，什么都不情愿放下的人，同时会失去许多珍贵的东西。所以，要将眼光放得高远，才能够做出明智的选择。

有所放弃的同时也要有所拒绝。不要忙于一些鸡毛蒜皮的小事。

更不要去管别人的闲事，同时也要防别止人来管你的闲事。凡事能够做到有理、有力、有节就好，它会成为你一生受益无穷的财富。切不要让世俗的尘埃蒙蔽了你的双眼，更不要把自己的心灵套上沉重的枷锁。勇于放弃，是明智的选择。

你要给自己充分的自由，去用热情关怀一些尽善尽美的事物，保持自己的高雅情趣。

生活是一门艺术，我们一定要善于选择。一个行囊,如果已经装得太满,就会很沉、很重、很累。我们的生命背负不了太重的行囊,不要拖着疲惫的身躯走在漫漫人生路上。面对生活的一种清醒的选择,就是果断放弃。只有这样，生命才会轻装上阵，一路高歌；只有学会放弃才会走出烦恼的困扰,生活才会备感绚丽、富有朝气。

选择前请理性分析

人生道路很漫长也很曲折，但是要紧的只有那么几步。所以在做选择前，有个理性的分析是至关重要的。

每个人都在追求着成功，你又是如何来诠释“成功”的呢？只有别人才有权利去说你是否是个成功之人，有很多人有着这样的观点。然而事实上，个人的成功与否只有你自己能够作评判。千万不要以其他人的言语，来诠释你的成功，因为只有你自己是最重要的，也只有你才能决定你要成为什么样的人，只有你知道什么时候能使你满足、什么令你有成就感。知人者智，知己者强。你应该清楚地了解自己的雄心壮志和愿望，还要在内心不断强化，使它逐渐明晰起来。

伟大的物理学家爱因斯坦，一次在实验课上弄伤了手，教授叹气说：“你要是去学医学、法律或语言学多好呀？”他回答说：“我觉得自己对于物理学有一种特殊的爱好和才能。”如他所云，他在物理学上取得了很大的成就，他对自己的认识是正确的。做事情如果需要别人都点头，那你的事情就肯定平淡得像河边的一粒沙了，休想成就一番事业。树根有千姿百态，艺术家要用树根的天然姿态，把它顺势雕刻成各种形象栩栩如生的作品。人与人的性格气质都各有所长，也有所短。认识自己的这些因素对选择很重要。

有一位先生，在一家事业单位工作，工作稳定，而且也很轻松，但是他想当老板，到南方去经营自己的小生意。他问自己：如果失败了，最坏的情况是什么？他想到了一无所有，然后他继续问自己：一

无所有最坏的事情是什么？答案是他不得不干任何他能得到的工作，之后，最坏的事情可能是他又厌恶这种工作。你的生活不是试跑，每一天都是现场直播，没有彩排的，所以，做出正确的选择，更要做出理性的选择。艰苦的选择，如同艰苦的实践一样，会使你全力以赴，会使你力量无穷。

有一个女孩儿，从小就对各种漂亮的衣服尤为敏感，她很想有自己设计的服饰店，在满足自己对漂亮衣服欲望的同时，还能够给她带来一定的经济效益，而且她也喜欢自由轻松的工作方式。然而她的愿望一直没有实现，因为她的父母希望她能当老师，他们认为女孩儿当老师会是个不错的选择，一年有四个月的假期，而且工作也不累。于是在她高考填报志愿的时候，父母给她作了决定。毕业后，小女孩儿在学校里工作了一段时间，虽然当老师她也很认真负责，可她依然想实现儿时的梦想，能够做一名服装设计师。于是她不顾家人的反对，毅然决定重新学习设计。通过不断的努力学习，她终于实现了自己的理想，而且她的许多设计均被服装厂商肯定并采用。她很开心自己所从事的事业。如果当时她在作决定时，不相信自己，而是更多地在意其他人的想法，那她的理想便不会实现。外人的观点也是阻碍我们做正确选择的客观因素。对于外人的看法，我们应该批判地接受。

在你决定做一件事以前，你应该将那件事情的利弊都考虑到，要运用你的全部经验与理智做你的指导。一旦作好了决定，就要将这个决定贯彻到底。

选择就像春天播种要及时

选择就像春天播种一样，如果没有及时播下种子，无论后面的夏天有多长，也无法把春天耽搁的事情弥补上。拖延是很多人错失良机的关键。有些人在紧急关头作决定时，由于先前某事不成功而产生拖延现象。由于怕丢面子而没有与人及时沟通，由于一份真挚的情感而欲言又止……。对于竞争激烈的现代人来说，迅速而有效地作出决定比什么都重要。坦白地说，一次错误的决断，也比没有决断好得多！

有些人做事喜欢犹豫不决，连小事都如此。如果一个比较好的方案，充满信心地宣布出来，并且全速实行，你所得到的结果，通常要比长期难下决定好得多。

如果你身边有很多复杂又无法马上决定的问题，但是事情又很重要，不得不尽快解决时，你就可以运用“倒计时的方法”来解决这些恼人的烫手山芋。这就是给自己一个时限，来作完某些决定，避免这些决定一直拖延下去，甚至到最后放弃不管。

在决定目标的考虑上，是以“时间”为第一准则。至于决定品质及其他因素，都在“时间”因素之后。生活中有些决定是有时间限制的，而且是不能耽误任何一点时间的。这个时候，你就要采用“限时决定法”。

例如：你想办一个生日舞会，当天将会有很多贵宾出席，因此你必须把这个舞会办得有声有色才行。那么，在舞会举行前一个星期，你就必须作好各项决定和计划，以便工作人员能有足够的时间准备，

比如确定出席名单、排定节目表、会场的布置及其他相关事宜，这些事项都是不能拖延的。

这时，不管你有多忙，不管这些事项还有多少资料需要找，多少前置作业要准备，不管这些决定多困难，你一定要给自己一个最后的期限。因此，遇到要早点作决定的情况，你一定要强迫自己在一定时限内达成。否则，等你作好尽善尽美的决定时，时间也过了，那时就算选择再完美，也无济于事。

处在混乱中时，必须果断地做出自己的选择，优柔寡断和谨小慎微只能坐失良机。遇到麻烦的时候，快刀斩乱麻则会让形势变得明朗起来，让你可以更加从容地应对问题。

选择没有后悔

在人生中做出正确的选择，对于每个人来说都不是件容易的事情。尤其当人们还年轻的时候，人生阅历、知识素养的积累都还有限，而且眼前困扰的因素很多，诱惑多，困难多，变数也很大，所以会无所适从。我想，就是那些所谓的智者，也会有力不从心的时候，即便是诸葛亮，也不敢肯定地说，他的每一个选择都是无悔的。面对大大小小的选择，你最先考虑的是什么？是自己的未来？还是朋友的看法？

事实上，不管做何种选择，可以肯定的是，如果你太在意别人的看法，那么，不论你选择哪一个方向，到最后总还是会有人觉得你作错了决定。既然如此，何不就根据自己的需求和价值观，作个让自己无悔的决定？

如果世上真有什么对的决定，那也都是相对的，这个决定的“对”，是相对于自己的主观和人生的需求而言的。

不过，很多人都无法作出这样的决定，一方面是因为外界的杂音太多，另一方面是因为他们不知道自己到底要什么。

因此，有很多人作了表面上是对的决定，结果为了这个决定而悔恨一辈子，甚至有人从此逃避作决定。

人是自己幸福的设计者，也是自己痛苦的策划者。

为了谋取生活的成功，我们必须做出自己独立的选择。我们必须运用自己自由选择的权利。作为自己生活的总统，你每天、每个小时

都可以做出自由的选择。你必须做出选择：

你可以轻视自己，也可以诚实地对待自己。

你可以觉得自己是人微言轻的无名之辈，也可以是心灵充实。

你可以办事拖拉，也可以马上就做。

你可以整天自寻烦恼，牢骚满腹，也可以心平气和地应付一切。

你可以遵循名言来生活，也可以按照别的生活原则生活。

你可以对生活悲观失望以至逃避，也可以充满信心地投入行动。

处世为人你可以选择真诚，也可以选择罪恶。

你可以成为你理想中的人，也可以满足现状停步不前，你可以忠于职守，也可以逃避责任。

有关这一切的选择权都在你自己，因为你是你生活的主宰。

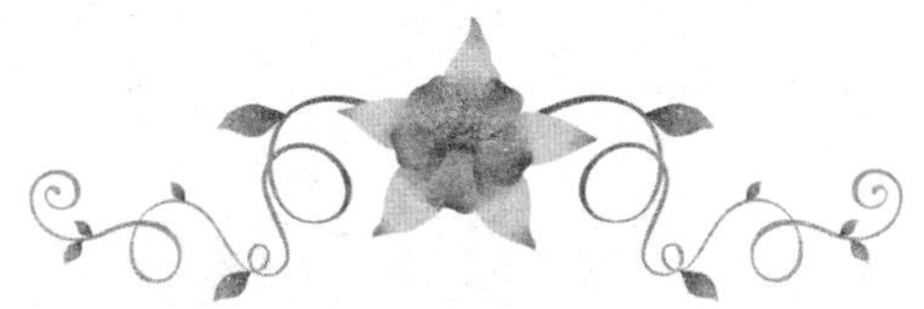

第七章 珍惜生命，珍视健康

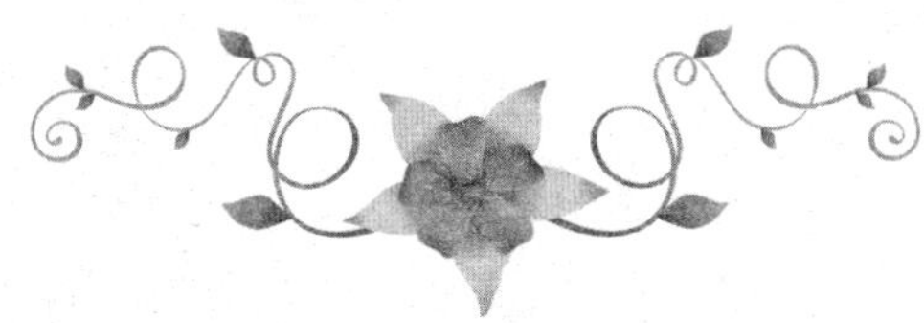

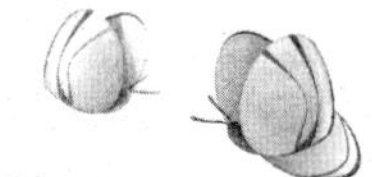

爱事业，爱家庭，不爱健康等于零。生活中我们最不应该做的第一件事情就是：透支健康。世界卫生组织给健康下的定义：健康不仅是没有疾病，而且还包括躯体健康、心理健康、社会适应和道德健康四个方面。

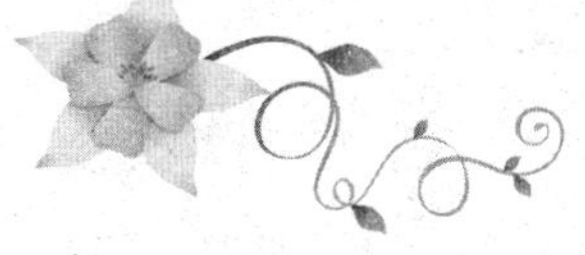

珍惜生命，珍视健康

只有看透了生活全部意义的人，才不会随便死去，哪怕只有一点机会，就不能放弃生活。一个人只有热爱生活、热爱生命，才能为自己的事业倾注足够的热情，才能在自己的领域中做出杰出的成就。正是由于对生活、对生命的热爱，我们才会肯定生命，即使在人生最惨淡的时候，也要让生命充满活力。哲学家尼采认为，生命的本质就是激昂向上、充满创造冲动的意志。因此，拥有生命的我们，一定要使生命充满活力和热情，要使工作充满热忱和欢快。

在美丽多姿、一碧万顷、富饶辽阔的大草原上，青草散发着诱人的迷香，各种动物在快乐尽情地狂奔着、追逐着、跃动着，到处都是生机盎然的景象。

只见，两只羚羊从远处走来，一前一后，前面是一只雄壮的羚羊父亲，而后跟着它的羚羊女儿。它们在悠然自得地品尝着美味的大餐，似乎这草原就是为它们准备的，有许多鲜美青嫩的绿油油的小草。

而在幽深的草丛中，早有一只小猎豹静候在那儿了。这只小猎豹刚刚学会捕猎，所以一直在等待时机，等待猎物的出现，蓄势待发。

两只羚羊全然不知死神在一点一点地悄悄向它们接近。小猎豹悄无声息地向它们靠近，眼中闪着凶残阴冷的光。它看准时机，突然一个飞跃，以闪电般的速度跳出草丛，向小羚羊飞奔，小羚羊受到震惊，惊慌失措地向远方逃去，但它不是猎豹的对手，眼看就要成为猎

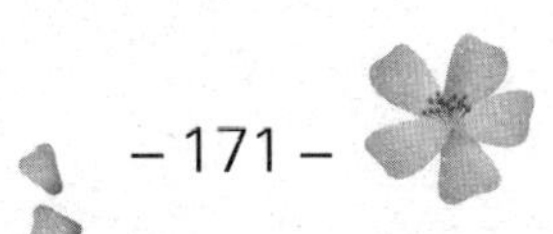

豹的晚餐了。雄羚羊见状，发出了一声长长的嘶鸣，小猎豹转变了方向，把目标对准了雄羚羊，只见雄羚羊向着相反的方向飞奔。一场生死角逐拉开帷幕。

小猎豹以迅雷不及掩耳的速度向前飞奔着、冲刺着，在即将追上目标的刹那，它飞跃而起，用它如刃的利爪扑向雄羚羊，顷刻间雄羚羊的背部血如泉涌。虽然背部的疼痛让雄羚羊损耗了体力，但它并没有向敌人示弱，反倒是用尽全身的力气和小猎豹进行着殊死搏斗。时间在一分一秒地过去，小猎豹的体力也削弱了很多，况且它并不适应持久的搏斗，以至于放松了警惕，雄雄羚找准时机，用它那硬硬的角刺向小猎豹，小猎豹来不及闪躲，只听一声痛苦的嚎叫，尖利的角刺进了小猎豹的眼睛，只听一声痛苦的嚎叫后，它跌倒在肥美的草原上，在丢掉了一只眼睛后，小猎豹放弃了计划做为晚餐的猎物。

雄羚羊拖着满身伤痕的身躯疲惫地向远方跑去，傍晚时分，它终于找到了自己的女儿，有气无力地将刚才所发生的一切告诉小羚羊，并且作最后的嘱托与叮咛。以后当你长大的时候，会经常遇到这种情况，所以你必须有一个信念，就是时刻都不忘逃生，拼命地跑，因为对于豹来说，它只是少了晚餐，而对于你而言，却赔了性命，决不能轻易放弃生命。说完后，雄羚羊倒在血泊中，永远地离开了这个世界。

体者，载知识之车，寓道德之所也。渊博的知识和高尚的道德都存在于一个人的身体当中。没有了身体，一切都将灰飞烟灭。

无论在任何时候都不能轻易地放弃宝贵的生命。

拥有健康，我们就拥有一切，失去了健康，我们也随之失去了世界上的一切。也许我们不能想象屋子倒塌的情形，然而有一天房子真

的要倒塌了，我们仍然可以自救，因为我们可以迅速地逃离这个危险的地方，搬到一个安全的地方居住。可是如果我们的身体垮了，就不是搬家能够解决的问题了，或许我们还可以再搬，那就是搬到另外一个世界去了。

伊索寓言里讲了这样一个故事：

在一个遥远的小村落，生活着一个很穷的农夫。一天，他奇迹般地发现在鹅窝里有一个金光闪闪的蛋，而且还是纯金的。从这以后，他每天都要去鹅窝里面取一只金蛋。过了些时日，农夫的生活日益富有，可是此时，他的心却越来越贪婪，以至于没有耐心等待每天一只的金蛋。他想一次性拿到鹅身体里面的所有金子，于是，他杀死了这只鹅，结果是他什么也没有得到。

在生活中，有时常常像愚蠢的农夫，用牺牲根本的代价（鹅——人的身体）来提高产出（金蛋——财富）的事情。每年，都有很多人因为过度辛苦和劳累，在追逐事业高峰的同时，身体被严重透支，产生了“过劳死”的现象。这种过劳死是因为工作时间过长，劳动强度加大，心理压力过大，存在精疲力竭的亚健康状态，积重难返，突然引发身体潜藏的疾病急速恶化，救治不及，继而丧命。有人将其定义为，由于长期的慢性疲劳而诱发的猝死。相比较而言，下面这些成功的人士，都是在高效地利用自己的才智、精力和体力。因为他们明白，把这些空耗掉了，无论如何也干不出来伟大的事业。

美国的石油大王洛克菲勒，他的资产过亿，是众所周知的亿万富翁，他又是健康长寿的佼佼者，活到98岁的高龄；发明大王爱迪生活了8 4岁；钢铁大王卡耐基活到84岁；日本企业巨子松下幸之助活到90多岁；美国成功学家拿破仑·希尔活到87岁；日理万机的毛泽东，也

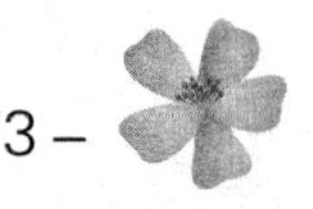

活了83岁。他们都做到了既健康长寿又事业成功。

所以说，维持我们的健康，是生活的第一要务。同时，健康是生活的第一资本，也是事业的第一资本。你对健康的任何一点损害，都是在浪费自己的金钱和减少自己成功的机会。健康是我们能够存活于世所必备的基本要素。

睡出健康来

成功需要一个有利的载体，身体无疑就是成功的不二选择。因此，注意自己的身体，保证它的健康。充足的睡眠无疑是健康的最大保证。

我国伟大的数学家陈景润，每天深夜他都伏案工作，这种亢奋状态在他看来是“我不困，应该起来工作”。这种精神虽然值得人们钦佩，但这种对健康的透支方法，却是不可取的。众所周知，陈景润先生后来得了帕金森症，而这不能不说跟他长期处于亢奋状态却又长年缺乏睡眠的习惯有一定的关系，这种不良习惯的后果就是对他身体的健康进行了劫掠性的透支，以致危及到了他的生命。

要想在生命中有大成就，就必须懂得“珍爱自己”。尽一切努力让自己的身心健康，从拥有充足的睡眠开始，进而让自己能够最大限度地发挥才干。

休息的方法有许多种，其中睡觉是最容易消除疲劳的方法之一。科学已经证明，消除大脑疲劳最有效的方法就是睡眠。睡觉的时候身体各部分都处于休息状态，以此来保证睡醒以后所需的精力。人们得不到充分的睡眠就无法恢复精力，这会妨碍我们第二天正常地发挥能力。

睡眠，最足以使人消除精神的疲劳。即使你暂时不能入睡，但只要闭上眼睛，做几个深呼吸，不去想其他烦心事，几分钟后，你便会觉得头脑清醒，精神振作，身心松弛。这种习惯对健康非常有益。

爱迪生能持久工作，不思睡眠，这全在于他能充分利用短时间进行完全的休息。他晚上在实验室中，常常工作至早晨三四点钟，天将破晓时，他就以书籍为枕，横卧在实验桌上，摆脱一切思虑，充分休息。虽然这样他只能睡很少的时间，但却足以使他恢复精力，头脑清醒。这比长时间的似睡非睡还要舒服，醒后，他仍旧继续工作，不知疲倦。

睡眠的多少及睡眠的质量不但会影响人类的健康，也影响人类的生活质量。养成良好的睡眠习惯，能让你更有精力工作，身体更健康。

要知道“健康的体魄来自睡眠”，这是科学家新近提出的观点。没有睡眠就没有健康，睡眠是人类生活节奏中一个重要组成部分。睡眠不足，不但身体消耗得不到补充，而且由于激素合成不足，会造成体内外环境失调。更重要的是，睡眠左右着人体免疫功能。

美国佛罗里达大学的免疫学家贝里·达比教授领导研究小组对睡眠、催眠与人体免疫作了一系列研究，并得出结论说“睡眠除了可以消除疲劳，使人体产生新的活力外，还与提高免疫力，抵抗疾病的能力有着密切关系”。

失眠使人感到疲劳和焦虑，害怕失眠会影响健康，其实影响健康的不是不能入睡，而是焦虑。焦虑会阻碍人安静的休息，使人入睡更为困难。据生理学家观察，不能入睡时只要放松全身肌肉，闭目静卧床上，机体所消耗的能量和产生的有害物质与熟睡时相差无几。所以，失眠时不要焦虑。预防失眠，在临睡前不要喝浓茶、咖啡，不饮烈性酒，不吸烟，不看惊险小说、电视，以免过度兴奋影响入睡。特别是中老年人，睡前先热水坐浴、泡足，然后再喝一杯热牛奶，这对

睡眠是有益的。

睡眠的充足与否，除对精神有影响外，对于女性也有直接的影响。有一句话说得好：漂亮的女人是睡出来的。皮肤的光洁柔滑与否，与睡眠也有很大的关系。睡眠不足，很可能会引起身体血液循环的不正常，使皮肤表面毛细血管代谢失调。在睡眠中补充营养，让水分不再散失。

在夜间我们的睡眠要经过深度睡眠、做梦和浅度睡眠，在深度睡眠过程中我们彻底放松并很难被唤醒，第一个深度睡眠阶段是在睡着后不久就达到的，因此刚入睡时的睡眠是休养作用最好的，睡得越晚，深度睡眠时间越短，一个成年人的深度睡眠只占其整个睡眠时间的15%～20%，也就平均90分钟。所以女性更应珍惜这段时间，让它给你的肌体充足的时间和机会好好修养，借睡眠来保持美丽的容颜。

适度规律的生活

运动太多和太少，同样的损伤体力；饮食过多与过少，同样的损伤健康；唯有适度可以产生、增进、保持体力和健康。

中国社科院边疆史地研究中心学者萧亮中，于2003年1月5日的凌晨，在睡梦中突然与世长辞，年仅32岁。长期不规律的生活、过度的劳累、沉重的生活、超负荷的工作压力是造成他死亡的主要原因。类似这样的例子还有很多，像46岁的清华教授高文焕等等。一个不重视健康的人，他的生活和事业终究也是昙花一现。因为没有健康，智慧无从展现，文化无从施展，力量不能战斗，财富便成为废物。

一位三十多岁的女性突然患上急性心脏病，抢救无效死亡。医生后来检测到，致使她病故的原因是因为她的身体里含有大量的铅元素，从她家人那儿得知，她从18岁就开始涂口红。一位男士结婚几年不能生育，去医院检查，医生告知，他长期穿牛仔裤，因为压迫会阴部，影响睾丸的散热和血液循环，因为时间过长，从而影响生育。世界卫生组织公布的人均希望寿命，我国排在八十多位以后。进入21世纪后，生活方式是威胁人类健康和生命的“头号杀手”。由于不良的生活习惯，随着人们物质和文化生活的不断提高，人们在吃、穿、住、玩和用等方面追求新潮、时髦所产生的一些不利于人体健康的生活因素所引起的。通常被称为“生活方式病”。诸如娱乐病、度假病、家电病、高楼病、居室病、装修病等等。

在我们的周围和现实生活中，有很多人没有严肃认真地对待自己

的生活和健康，他们往往没有想过，或者根本不想用科学的方法来限制自己的不良生活和行为，随心所欲地过着极不利于健康的生活。大家应该静下心来，反思一下自己多年的生活方式。

1. 经常暴饮、暴食，每天摄入过多的脂肪、糖、盐，过少地摄入新鲜蔬果。

2. 热量过高、饮食过精，维生素和微量元素摄入不足。

3. 比如嗜烟、酗酒、嗜药。

4. 缺乏体育锻炼，平时很少参加活动。没有乐观进取的生活态度。

5. 精神紧张，情绪不稳，经常发怒，整日忧愁，睡眠不足。

6. 不讲公德，损人利己。

7. 过度的贪婪、人际关系紧张、家庭不和睦、工作不能胜任、生活不规律、过着孤单的生活。

8. 有着不正当的性行为、不健康的夜生活、个人卫生差等等。

生活方式的调整，尽管它不可以彻底摆脱疾病的困扰，可是它可以起到预防、控制疾病和改善病情的目的。

西方发达国家十分重视人类生活方式的改变，好多国家早已着手实施“生活方式行动计划”。据英国的一份医疗报告显示，生活方式的改变，对国民的健康状况，会有很大的改善，健康和良好的生活掌握在自己的手中。改变自己的生活方式，实际上不用花费很多钱，但是对人们的健康却是至关重要的，对生活是十分有利的。

一旦感到身心疲惫，生活乏味，遇到任何事情都提不起精神、引不起来兴趣时，就要多睡一会儿，或者到乡间去散散步。抽空到乡间去散步、旅行、爬山、游泳，就会赶走那些忧愁的情绪，苦闷的感

觉。使人变得精神振奋、愉快舒适。一个人只有懂得自我珍重，不为游荡淫秽所引诱，珍惜自己的脑力和体力，做到脑力和体力的平衡，才是一个懂得生活的人，同时你拥有健康的体魄、成功的事业、和谐的家庭，当然会拥有优质的生活。

生活方式自测

许多人为了赚钱而忽视了健康，或者被眼前诱人的美食、舒适的享受所迷惑，沉浸其中，丝毫觉察不出来由此带来的危害。如果把一只青蛙放到热水里面，它会很快跳出来，但是如果把它放进冷水里面，用小火慢慢地煮，直到它快被煮熟时，才明白一切，可是逃命为时已晚，它不会跳出来改变命运。这就是生活方式给我们带来的危害。许多人都没有意识到，自己上了生活方式的当。我们不仅要有良好的生活，还要有健康的身体，想有一个健康的身体，就要有一个健康的生活方式来为我们引航。

对生活方式经常地进行自我检测，可以让我们更加具体地知道自己的生活方式是否健康。当你回答完下面的十一道测试问题，你就可以知道自己的生活方式和习惯是否健康，这有助于你了解你自己的生活方式和习惯，不仅可以扬长补短，而且还可以增加自己的健康财富。

一、关于喝酒

1. 我有喝酒的习惯，每天都会喝一些。啤酒（2听以下）或者葡萄酒少于4两或者烈性酒少于2两；

2. 很长一段时间，每当我喝（2听以上）啤酒的时候，绝不会去开车；

3. 我从不会用喝酒的方式来缓解忧郁的情绪，即使是我精神压力很大的时候；

4. 喝酒后我不会做没有理智的事情；

5. 我的生活并没有因为喝酒而带来困扰和麻烦。

二、关于吸烟

1. 我没有吸烟的习惯；

2. 在过去1年里我也没有吸烟；

3. 在过去1年里我不仅没有吸烟甚至没有嚼过烟糖。

三、关于血压

1. 在过去的6个月内我检查血压，一切正常；

2. 我从来没有过高血压；

3. 现在的我也没有高血压；

4. 我的口味很清淡，并且很注意食物中的盐，我从不吃含盐高的食物；

5. 我的直系亲属没有人有高血压。

四、关于体重和身体的脂肪水平

1. 根据标准的体重和高度表，我的体重是属于正常；

2. 在过去一年里我并不需要减肥；

3. 我身上没有一块脂肪是多余的，我的身体很健壮；

4. 我对自己的身体和体形很满意；

5. 家人、朋友和医生都认为我没有必要减肥。

五、关于锻炼

1. 我每个星期至少锻炼3次，每次至少锻炼30分钟；

2. 我静止时候的脉搏是每分钟70下或者更少；

3. 当我做体育锻炼的时候，我并没有感到很容易累；

4. 我喜欢一些运动，比如说游泳，打球，每个星期都要做1次；

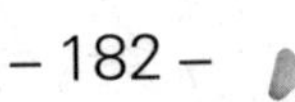

5. 我觉得我的锻炼水平是高过我这个年龄组的大多数人的。

六、关于精神压力和焦虑

1. 我觉得我很容易放松；

2. 我比大多数人更能对付压力；

3. 我睡眠很好；

4. 我很少感到紧张和焦虑；

5. 我能很好地完成各项任务。

七、关于驾车

1. 我开车总是系上安全带；

2. 我坐车也总是系上安全带；

3. 我在过去的3年中从来没有出过交通事故；

4. 我在过去的3年中从来没有开快车；

5. 我从来没有酒后开车；

6. 我从来没有坐过喝过两杯酒的人开的车；

7. 我每年开车少于17,000公里。

八、关于人际关系

1. 我对我的社会人际关系很满意；

2. 我有很多亲密的朋友；

3. 我能告诉我的伴侣或其他家庭成员我的各种感觉；

4. 当我有问题的时候，我可以跟我的朋友讨论；

5. 当可以选择自己单独做或者和其他人一起做事的时候，我通常选择和其他人一起做。

九、关于休息和睡眠

1. 我每个晚上都能睡7~8个小时；

2. 我入睡的时间总是少于20分钟；

3. 我在夜里醒来的次数很少，一般不会醒来；

4. 我早上醒来后觉得睡得很好，精力充沛；

5. 我大多数时间觉得自己精力充沛。

十、关于生活满意程度

1. 如果我从头活一次，我觉得并不需要改变很多；

2. 我完成了大部分我在这一生中想做的事情；

3. 我很幸福，记不起有什么让我不满意的事；

4. 我觉得比大多数儿时伙伴成功；

5. 我觉得自己的婚姻很美满。

十一、关于性生活

1. 我觉得自己的性生活很满意；

2. 我只有一个固定的性伴侣；

3. 我从不随便与陌生人性交；

4. 我从不为钱或利与人性交。

请回答上面的每一个问题，如果适合您的情况就打一分，然后把分数加起来。

如果您的分数在45～55分，那么说明您的生活方式和习惯，比大多数人都健康；如果您的分数在25～44分，说明您的生活方式和习惯和大多数人差不多的，有改善的机会；如果您的分数在0～24分，说明您的生活方式和习惯很不健康，须加改善。如果分数在3分以下，那么在任何一个方面都请积极加以改善。

自己的健康状况不佳要痛下决心，彻底改变一下现在的生活习

惯，抵制恶习，把健康夺回来。生活方式不良，如果不能立即彻底改变，难以赢得良好的生活和健康。

健康的生活准则

医学研究表明，拥有健康的生活方式，不仅使人身体健康、防病治病，而且还可以延年益寿。专家得出的结论是：

均衡的饮食结构能使人再增寿15～20年，经常服用净化胃肠道吸附剂和消除游离基的抗氧化剂，可以使人再增寿5～7年，正确地选择适合自己的维生素疗法，特别是在40岁之后，又能够使人生命延长3～5年。如果每天都在新鲜的空气里漫步，这将能够使你远离衰老3～5年，因此健康的生活方式至少可以使人多活30年。

现在人们普遍地意识到，健康就是最大的财富；健康就是幸福；人可以没有一切，但是不能没有健康，而健康又与健康的生活方式密切相关。因此，各种各样的健康生活方式已经在世界各地流行，其主要有以下十几种健康的生活方式：

1．挺胸抬头

生活节奏快，不仅使人易患急躁症（例如对于排队等待、交通堵塞或者等待电子邮件下载时十分生气、不耐烦），而且还“来也匆匆，去也匆匆”，“埋头苦干”以及“猫腰赶路”等。针对这种情况，美国密苏里州大学的专家指出，抬头挺胸，不仅令人有气质，看上去年轻而精力充沛，而且，抬头还有助于减轻腰骨痛，挺胸又会减少脊椎的负荷。

2. 以步当车

以车代步曾盛行于发达国家，现在，有许多人却反其道而行之，

即以步代车，能步行就步行。因为，以步当车日久，可以有效地防止骨骼退化，增强心肺功能，还有利于新陈代谢和减肥。所以，日本的专家认为，现代人每天的步行，不要少于5000步。伏案工作者每天的步行最好在1万步以上。

3．多行善事

多行善事，能保健康。有些人认为：助人为乐，帮人之困，济人之危，可以使你心情舒畅，能够获得一种难以名状的心理满足。这有助于强化人的免疫系统，调节身心，有利于健康长寿。科学研究表明，当人们看了利他主义的电影时，或者做好事时，则他们的免疫功能增强。一些研究资料表明，多行不义，久必伤身。

4．尽量少食肉

近来流行素食风，因为专家认为，当人们在大量的食用各种肉类食品时，会诱发某些疾病，同时还会加重心脑血管疾病。不食肉或者少食肉已成为越来越多的人的进食原则，以保持身体健康。长期食肉过多对健康不利，而长期完全素食，也对健康不利。

5．常去晒太阳

现代人们推崇有空就晒太阳的阳光沐浴生活方式。经常接受阳光的适当照射，可以有助于身体接受大量的维生素D，更加利于牙齿和骨骼的健康。在欧美一些国家的人民中十分盛行阳光浴。然而，晒太阳过多也会对身体健康不利，这很容易使人患上皮肤癌。所以，阳光是良药，剂量是关键。这一点人们应该牢记心中。

6. 在细雨中步行

在霏霏细雨中逛街或者散步，是现代欧美人的一种生活时尚。绵绵细雨可以洗涤尘埃，净化空气，增加空气的负氧离子，对人的肺

与大脑的保健大有裨益。但是不能在狂风暴雨或者大雨中散步或者锻炼，否则，就会损害健康。

7. 经常唱一些歌

美国马里兰大学的专家倡导，经常唱歌，有益于健康长寿。因为唱歌有益于大脑的逻辑思维，而且唱歌时声带、肺部、胸肌等能够得到良好的锻炼。所以，中老年人应该像年轻人那样，在无事时，引吭高歌，离退休的老人，可以参加合唱队。有些城市组织了老年人合唱团，也是对老年人健康的一种关怀。但是，唱歌的时候，最好选择空气新鲜的场所，有条件的时候，应去郊外引吭高歌。

8. 注意饭后休息

现代人认为，饭后应该稍事休息或者卧床休息片刻，大约30分钟左右，再去散步或者做其他的一些事情，更加有利于食物的消化吸收、胃肠保养和肝脏功能的养护。因此，在日本以及韩国，“饭后稍事休息，再去百步走”已成健康养生的一种大众之举。近来，专家们提出了饭后的“七不宜”，即：不要吸烟、不吃水果、不放裤带、不要喝茶、不要洗澡、不要“百步走”、不要睡觉。

9. 静坐思，降血压

每天静坐冥想1～2次，每次大约30分钟，排除杂念，放松身心，有助于解除神经性头痛，降血压。在美国得克萨斯州的居民中已流行这种健康风。

10. 享受天伦之乐

中庸之道引进家庭之中。全家人和睦相处，互尊互敬，互谅互让，在业余时间，夫妻互诉衷肠，爷孙共同游戏，共享天伦之乐，在日本、东南亚的的一些国家颇为流行。天伦之乐，是人生的一大享

受，也是轻松的健康休闲方式之一。可惜，我国越来越多的“空巢”老人，却被剥夺了这种享受。

11. 平和的家庭氛围

这是指要注意早晨家庭气氛和谐。俗话说：“一日之计在于晨”。这句话也适用于处理家事。夫妻之间、父子之间、母女之间的态度和情绪如何，对一天情绪将产生很大的影响。所以，早晨起来之后，不仅夫妻之间要多说互相鼓励的话，对孩子也要多说一些关心的话，造成和谐的气氛，使全家人都能心情愉快地工作和学习。这种注意早晨的家庭气氛和谐，也应该成为一种健康的生活方式。

12. 切勿纵欲

有些人色欲大，养情妇，甚至乱找女人。这不仅影响健康，而且还与腐败紧密相联，媒体所披露的大“蛀虫”，都是贪色之徒。节制色欲是一大健康生活方式。唐代名医孙思邈说：“务存节欲以广养生。”告诫人们不可以纵欲。节欲应做到：阴阳好合，接御有度。强调房事安排要适宜；夫妻年龄应相当；妖艳莫贪，自心莫乱，即不贪色欲，勿作妄想，生活不腐化；奢药壮阳，诸恙丛生。人们乱用“伟哥”，必然影响寿命。总之，色欲知戒，可以延年益寿，是中年人的健康生活方式。

13. 经常下厨房

日本的营原明子认为，男人下厨房有益于健康。她建议各位男士学做“家庭厨师”。做饭菜，可以刺激五感，培养创造力，增强体力，加强发射神经和美感，还可以预防“生活方式病”。切菜可以保持大脑的兴奋。烹调时，又能够发挥人的能力。一般说来，人们在工作的时候只是使用左脑，但若是做饭菜，人的右脑会越来越发达。如

果左脑、右脑保持平衡，大脑的利用效率就将提高。做美味的佳肴，可以在不知不觉当中培养许多的能力，比如正确的判断力，敏捷的动作以及用大脑分析并再现过去吃过的美味佳肴的创造力等。因此，我们将下厨房（尤其是男人下厨房）也作为人们的一种健康的生活方式。

14. 习惯于读书

生理学家认为，读书好像服用“超级维生素”，可以促使大脑、性格，甚至身体充满活力，不论男女老少，都可以通过读书学习活动，促进身心健康。由于经常用的器官就健康、发达，而不用的、少用的器官易变；精神刺激又可以调节人体的免疫功能。因此，德国不少医院为病人开设专门的图书室，引导病人沉湎于书中，康复很快。在国外，读书疗法，已成为一种时尚，许多专家认为，勤奋学习、读书是促进健康长寿的良方。在我国《内经》中，就有“聚精会神是养身大法”之说。读书不仅可促健康，还可治病。但读什么书应依据病人的心理状态和知识水平。这就是说，书籍治病方法只对能读书和喜欢读书的人有效。不仅神经性病人可用书籍治病法，而且，心理性病人也可用书籍治疗。所以经常读有益的书是知识分子的一条养生大法，也是他们的一种健康的生活方式。

15. 顺应节气规律

顺应人体的“生物节律”，不违背人体的“生物节律”是保证人健康长寿的良方。确定一个人的精神、情绪的好坏是生物节律。在人体的生物节律中，除了分为昼夜节律、月节律和年节律等生物钟周期外，还有如下生物节律：

（1）体力节律：它又称为体力周期，决定人的精力、体力状况，

其周期为23天。

（2）情绪周期：它又称为情感周期，是指一个人的情感高潮和低潮的交替过程中所经历的时间，决定人的情感和精神状况，其周期为28天。

（3）智力定律：它又称为智力周期，决定人的智力状况，其周期为33天。

上述生物三节律，从一个人出生之日起，到去世为止，自始至终没有变化，而且不受任何后天的影响。这三种生物节律呈现正弦曲线变化，依次为高潮期、低潮期和临界日。如情感周期处于高潮的人，表现出强烈的生命活力，对人和蔼可亲，感情丰富，做事情认真，易于接受别人的规劝，精神愉快。相反，处于情感周期低潮的人，则易发脾气，急躁，容易产生反抗情绪，喜怒无常，常感到孤独和寂寞等。

由于这三种生物节律的周期不同，在时间上有一定的差异，如果有一天，两种节律的临界期同时来临，这一天就称为双重临界期。在临界期期间，人的机体功能极不稳定，容易发生各种事故，而临界期的重合更加剧了事故发生的可能性。为此，人们不仅要顺应生物节律，即在其高潮期多学习、工作，而在临界期（尤其是双重临界期），尽量安排休息，并且多加防护，减少事故的发生。那么，你怎样才能知道自己的体力、情绪、智力周期处于哪个阶段呢？例如，情感周期的计算方法是：

总天数＝365×周岁+（从出生到现在的闰年数）+（今年的生日至今天的天数）再将总天数被28除，所得的余数，就是你想了解的那一天情感周期活动的位置。若你想了解的那一天是在当年的生日之前，

公式中的第三项就采用减法。

举例：张某生于1952年5月8日，他想了解自己在1988年6月8日的情感活动状况，其计算方法是：

总天数=365×36+9+30=13179

13179÷28=470……19

可见张某在1988年6月8日的情绪活动正处于低潮期。因为，每一个周期的前一半时间为“高潮期”，后一半时间为“低潮期”。由高潮向低潮或者由低潮向高潮过渡的时间为“临界期”，一般为2～3天。今张某在1988年6月8日，已处在他的情感周期的第19天，虽已过“临界期”（13～16天），但处在后一半时间（14～28天）中，故处于“低潮期”。在“低潮期”尤其是临界期，应加强自我调整，让其平安度过临界期，就能够提高效率，避免疲劳和事故，促进健康。因此，顺其生物节律作息，也是人们的一种健康的生活方式。

我们将人们理想的生活方式，主要概括为“衣、食、住、行、习、情、思、德、文、际”等十个字所包含的各种健康的生活内容。人们要保持健康长寿，需要综合地养成这些方面的健康的生活方式。只有如此才能拥有优质的生活。

生命在于运动

工作可以使人感受宁静，运动可以使人感受激情。下面向大家介绍几种有益、简便易行的运动方式。首先运动前的准备：空腹时和刚吃完饭时，不是运动的最佳时机，最佳时机是用餐后休息半小时至一个小时再去运动。运动时所选择的鞋，鞋底应有弹性且厚一些，因为这样可以减轻脚和膝关节的负担。

1. 骑单车

刚开始运动时，骑行的速度不要过快，把时间控制在半小时以内，如运动的过程之中感觉到疲劳，就要隔一段时间，慢速骑三分钟用以恢复体力。这样运动一段时间以后，再依据个人特点逐渐增加运动的强度和持续时间。骑车有不同的方式，可以长时间的慢速骑行，这样，如果持续二十分钟以上，会“燃烧”更多的脂肪来供给能量，它比较适合以减脂为目的的肥胖人群。

快些速度骑车，可以提高心率。此时机体主要通过糖原无氧酵解的方式来供能，可以提高全身，尤其是大腿肌肉的无氧运动能力。剧烈运动后的身体不适感将会被推迟，有助于我们从事更高强度的运动，或在高强度运动时坚持更长的时间。此外，快骑对心肺功能也颇具锻炼价值。

亦快亦慢的骑车方式，这种运动方式不仅能够兼顾有氧能力、无氧能力、心肺功能外，而且还能增加运动的乐趣。有了科学的指导，采用更合理的快慢结合锻炼方式，还会取得更好的健身效果。运动时

这几种方式最好是以其中一种为主同时以其他方式为辅，多种运动方式交替进行，会达到更好的锻炼效果。

2. 慢跑

一个人单独跑步时，不会产生竞争感，因为如果与别人同跑，会不由自主地产生超过自己体力标准的跑步速度。跑步时，力量运用适中，既不能太过用力也不能不用力，一切都要以自己体力为基准来调整。初跑时的前二十分钟，找一个合乎自我体力的慢跑速度，因为要想慢跑时间长久一些，首先一定要注意控制速度。如果可以做到的话，最好每个星期运动三四次，每次慢跑一小时。深呼吸很有效。正确的呼吸方法是用鼻子和嘴巴同时吸进空气，吐气时要用力。如果感觉到有点呼吸困难时，要稍微降低速度。

男人的心灵处方

早晨，你由于没睡好觉而情绪不好，接着是孩子的哭闹，有股难闻的味道而你却不得不吃的早餐、拥堵的交通……，所有这一切似乎都和你过不去，你觉得生活完全乱了套。很快，你的心里升起一股无名火。这种恶劣的情绪会一直跟随着你，你也很有可能在接下来的一天里因为一点小事大发雷霆。

有的时候，男人很容易发怒，之所以要发怒，是因为他觉得，在他身边发生的事，都是出于敌意，这对他造成了一种威胁。他认为周围的一切都在与自己做对，于是怒气随之而来，更容易把这怒气扩散到生活中的其他事情。

社会和职业环境、个人事业上的成功、与同性朋友的关系等，在诸多方面遇到障碍、挫折或与别人发生冲突时，男人容易发怒。那么如何克服你的发怒和紧张的情绪呢？

首先，要有一个充分的思想准备和精神准备，对你目前所面临的事物，包括它的性质、内容、基本情况要有所了解，包括它可能出现的各种情况和后果要有充分的估计和预见。惟其如此，你才能做到心中有数，遇事遇人才能沉着应对，不急、不慌、应付自如。其次，非常清楚地了解自己。对自己的性格气质类型作出正确的分析，无论是属于多血质型还是黏液质型，亦或是属于胆汁质型还是抑郁质型，通过这个分析来正确判断自己是否具备应付面临事物的素质和能力，进一步坚定自己的信心。即使不具备应付能力也不会有心理负担，因是

客观原因所致，这样就可以以一种轻松的心理状态面临事物，所谓知己知彼就是这个道理。

再次，精神状态和身体状态时刻保持良好。尽量让精神放松，那些面临新事物有恐惧感的人一般表现为吃不下、睡不着、整日手足无措，这让他的身心健康受到很大的危害，为了防止这种现象的发生，我们应该在思想上不过分夸大事物与个人前途的关系；而且还要保持良好的身体状况，切记不要过分疲劳，更不要用脑过度，大脑过度劳累会造成头晕目眩，兴奋与抑制过程失调，让神经活动的机能逐渐减退，使心理的紧张程度进一步加剧。

最后，时刻保持一个稳定的情绪状态。诚然，当我们对于一些突如其来的事物和一些与自己关系重大的事情，在一开始面临它们时，首先生理上会发生急剧变化，然后是心跳加快、呼吸急促、两手发抖、手心冒汗，这是由于过分焦虑和恐惧引起的。出现这种过度紧张，通常会使脑神经活动的兴奋与抑制丧失平衡，进一步会出现难以控制的心慌、不安与紧张，最终会使思维处于抑制状态。事实上，对人有一定益处的是适度的紧张，它不仅可以进一步调动人体的各种机能，而且能够使思维更加活泼，进而产生一种增力作用。

女人的心灵处方

什么是幸福？幸福就是源于内心的一种感觉，而这种感觉是快乐，有了快乐感觉的心灵就有了幸福的感觉。影响心灵获得美好、幸福感觉的因素有很多，而其中的头号杀手就是抑郁，在下面会重点介绍，首先要打败另外两个杀手。

1. 虚荣心

虚荣心应该是一种扭曲的自尊心。这种心理男人与女人都有，总的来说，女性的虚荣心比男性强。所以，虚荣心带给女性的痛苦比男性大。

实际上，虚荣心很强的人，他的深层心理是心虚。为了追求面子，打肿脸充胖子，内心是很空虚的。表面的虚荣与内心深处的空虚总是在斗争着。因此虚荣心强的人，至少受到来自两个方面的心灵折磨：一是没有达到目的之前，为自己不如别人的现状所折磨；二是达到目的之后，为唯恐自己的真相被揭露的恐惧折磨。因此他们的心灵总是痛苦的，是没有幸福可言。针对虚荣心，必须马上实施的心理处方是：

追求真善美。一个人追求真善美就是不会通过不正当的手段去炫耀自己，就不会徒有虚名。

克服盲目攀比的心理。横向地去跟他人比较，心理永远是无法平衡的，会促使虚荣心越发强烈，一定要比就跟自己的过去比，看看各方面有没有进步。

尊重自己的人格，崇尚高尚的人格，可以使虚荣心没有抬头的机会。

2. 妒忌

妒忌是痛苦的制造者，是婚姻的破坏者，是心理上的癌瘤。

针对女性的嫉妒心理，想摆脱它，可遵守以下心理处方：

树立正确的竞争心理。如今社会上竞争无处不在。但看到别人在某些方面超过自己的时候，不要盯着别人的成绩去怨天尤人，甚至产生怨恨情绪，更不要企图把别人拉下马。应该采取正当的策略和手段，在“干”字上狠下工夫。

树立正确的价值观。有了正确的价值观就能在别人有成绩时，会肯定别人的成绩，并且虚心地向对方学习。

提高心理健康水平。心理健康的人，总是胸怀宽广，做人做事光明磊落。而心胸狭窄的人，才容易产生嫉妒。

极大限度地去运用你的智慧。

智慧女人能够把握好自己，通过自己的从容自信，拥有独特的内涵，运用自己的聪明才智从人群中脱颖而出。智慧是一个美丽女人不可或缺的素养，秀外慧中、慧质兰心都是对智慧女人的形容。智慧女人需要有很强的领悟能力，这也使她与爱耍小聪明的女人分开。学识与阅历会使一个人很快地成长起来，并且使她能够在经历过事情中吸取经验、教训。智慧的女人有着很强的爱的能力，她不但爱自己，还爱别人，用一颗博爱的心去爱人。如果把打扮、精心地去设计形象、刻意的伪装亲和力、自我吹嘘当做智慧，这也是一种非常浅薄的智慧，经不起时间的考验。人们需要看见真实的魅力，切记真实的，也是最容易打动人的。

女人的言语，是一种内在的涵养。这需要时间的陶冶，需要学识的修养，也需要思想的沉淀，更加需要智慧的审视。同时，女人的内涵是多层面的，它包括一个人的眼界、才华、资质、胸襟、气度、包容的心、能力等，然而在这许多因素之中，文化的修养尤为重要。

对男人健康的忠告

现在的男人活得很累：一方面既要担当家里的“经济源”，另外一方面又得在激烈竞争的社会中占有“一席之地”。鉴于此，特别为男人的健康献上几条忠告，希望你能有的放矢地解决一些实际问题，提高生活质量。

忠告一：不再做强人。

要承认自己只不过是一个平凡人而已。能够做出惊天动地大事的人，毕竟是少数的，大多数男人无一例外都是平凡人。然而男人们就是想让自己当个强者，这样做，可能会使其寿命缩短，并不为男人所知。其实，承认自己的平凡，并不会损害男人的尊严，却有助于保持心态的平衡。

忠告二：运用倾诉的力量。

当遇到困难时，发泄和逃避，是男人采取的最普遍的应对手段。不是把问题压抑在心里，或是拼命地运动直到筋疲力尽，用它来寻求精神刺激……

恰当的方式是，你可以向别人(家人、朋友、医生)去倾诉，千万不应该把问题全藏在心里。

忠告三：有节制的饮食和运动，对健康是非常有益的。

忠告四：重新审视你的生活。

工作在男人眼里，占有很重要的地位，他们认为，没有工作，就

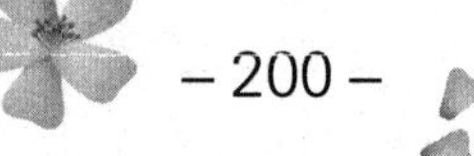

没有在社会上立足的资本。正是因为有这种无形的压力，才会让的男人很容易产生怨气。

对你的忠告是，平时静下心来写写日记，把自己内心的感受记录下来，这有助于你更透彻地了解自己真实的情感、体验，并努力去发现更多的选择。去找那些值得你信赖的友人倾诉衷肠也不错。再一次的重新审视你的生活。人生路漫漫，切不要让工作成为心理上的一块石头，压得你喘不过气来。

忠告五：选择放弃。

事业是否成功，是否完成了个人应承担的责任，是衡量男人是否成功的标准。可是有时，你要尝试去遗忘、放弃一些事情，这并不是说明你无能，而恰恰相反的是，它会帮助你重新进行自我定位，做出新的选择。

忠告六：让身体保持最佳状态。

假如你现在已经认识到健康的重要性的话，那么，从今天就开始试着做些改变：①每天10分钟的散步对健康非常有益。②如果你已经一年多没看医生了，那现在就去检查一下吧。③保证适当的饮食和足够的睡眠，并经常进行一些适度的运动。④不要用自我安慰的方式来麻痹自己。我们的身体有很强的忍耐度，同时它还能有暂时解除痛苦的办法，甚至会掩盖疾病的症状。紧张性头痛、口干、脉搏暂停、持续的颈背痛、焦虑、消化不良、烦躁和疲劳都是些值得注意的，它向你的身体提出了预警。在你的身体再也受不了之前就应该采取行动，这是保持健康的最佳途径。

忠告七：和谐的家庭关系。

保持和谐的家庭关系，与每一个家庭成员都是息息相关的。夫妻

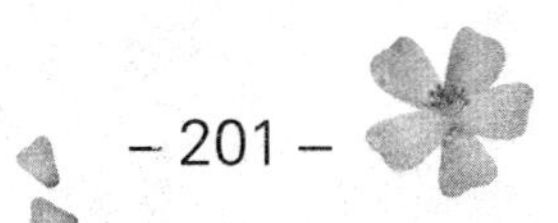

关系、亲子关系、核心家庭与夫妻双方原来家庭的关系都属于家庭关系。拥有更广阔的社会支持网是男人比较关注的，这是他与女人的不同，然而能够带给男人以最强有力的支持的通常是他们的妻子。不和谐的家庭关系会使男人陷入困境、内外交困，对健康的影响是不言而喻的。

女人要警惕健康的杀手——抑郁

当今世界范围内，心脏病列为最大的一种疾病，而列居第二位的则是抑郁症。精神状况不容乐观、发病率呈逐年上升趋势。而女性患抑郁的比例更为引人关注。

是谁在眉头深锁，又是谁在用她那敏感的眼神和心灵去揣摩别人，她们经常认为别人的一言一行在伤她们，可是这些“伤害她的人”却一无所知、常常是一头雾水，根本不知自己错在哪里？她们经常有的表现是：

1. 生活的每一天都情绪不佳。

2. 对任何事情提不起兴趣，能力减弱。

3. 体重明显增加或减少。

4. 经常失眠，而且嗜睡。

5. 精神运动的加剧或障碍。

6. 身体疲乏、无力。

7. 精神很难集中、思考能力随之下降。

8. 脑子里会有死亡的情绪状态、有自杀想法及自杀尝试。

9. 这种周期性的抑郁情绪，持续了很长时间，至少两年。自我价值观低下，对于赞赏的期望极高，与其他人很难划清界限，“不”说不出口，有一种负罪倾向，怕与人离别等。

10. 季节性的情绪变化。当感到沮丧时，就会去躲避其他人，失去兴趣，有时甚至希望能够进入冬眠。对甜食和碳水化合物非常喜

欢。

这些都是抑郁症的表现，它和一个人的家庭状况是有联系的。

女性对亲近和密切的关系有着强烈的需求，这种需求往往体现为一种依赖性。她们处在一种自相矛盾的状态，就像是被常常关禁闭一样。女性往往被赋予关系桥梁的缔造者。要求她们能够在营造关系中起主导作用，同时建立密切关系的重要性又时常被人忽视。长期处在这种矛盾状态之中，必然导致抑郁症的产生。那些未婚男子要比已婚男子受抑郁的困扰多。恰恰相反——已婚女性要比未婚女性受抑郁的困扰多。对配偶不满意、偶有矛盾、对妻子的不理解等，都意味着女性在婚姻中比男性承受着更大的压力。

糟糕的情绪就像家常便饭一样，困扰着一些人，例如焦虑、易怒，而不仅仅是抑郁。除了人们经常把“烦着呢”挂在嘴边之外，更令人担忧的是，他们对这些负面情绪的认知甚少，更谈不上如何去对抗它了。无论是抑郁，还是焦虑和发怒，它们出现的同时，还伴随着各种各样的明显的生理反应。身体的不适在很大程度上是由恶劣的情绪引发的，包括疾病的产生，这造成一种身心交织的恶性循环。

女性记住消极事物的数量要远比男性多。当有些女性在遇到不顺利的事情时会钻牛角尖，悲观情绪占主导地位，对当前、过去和未来的思维都是消极的。她们根本不愿意采取行动去改善这种悲观情绪，更不想去建立一种可以控制的局面。女性患抑郁症会随着年龄的增长而增加。尤其是那些更多注重自身外表的女性。她们恐惧青春的逝去、滋生的皱纹、发胖的身躯、皮肤的松弛等，当这些状况被她们发现后，她们会认为自己的外貌与公众标准不符合，就会产生抑郁情绪。于是厌食、暴食或持续节食，用绝望的企图应付抑郁所采取的手

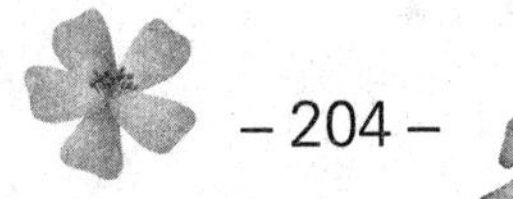

段。

针对这些抑郁女性，必要的心理处方是：

常运动，除了家务劳动，最好能养成散步的习惯。

给自己放松的时间，多听一些旋律舒缓柔和的乐曲。音乐有种奇特的力量，它很容易进入人的潜意识，而潜意识对人思想的影响更大。

多着暖色调的衣服，因为它能够防止人进入更抑郁的自我幻想角色中。

多与人交往，与性格外向、开朗活泼的人交往。

抬头挺胸走路，可逐渐建立自信心，从而缓解抑郁情绪。

现实中，我们很难完全没有负面的情绪，划分是否成为“病症”的界限，就是要看“积极”和“消极”谁占据主导地位。而调节负面情绪的方式是因人而异的，首先，我们还是应该“认识”它们、承认它们的存在，之后才有可能找到消解的方法。一份好心情，无疑也是高品质生活的标志之一。

第八章
工作是品味生活的原动力

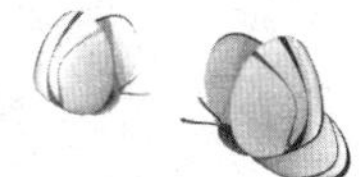

工作的三种机能：给人们提供一个发挥和提高自身才能的机会；通过和别人一起共事来克服自我中心的意识；提供生存所需的产品和服务。

工作是品味生活的原动力

事业是人生的战场，经过一场场没有硝烟的战斗，会锻炼出一种哲人般的睿智。这种睿智是一种无量的智慧，用来转换成金钱资本的智慧。知道怎么做远比做什么重要得多。

只有称心如意的职业，才能带来自我成就的实现和幸福生活的满足。一个人得到职业的满足和在生活中找到自己适当的、必要的位置，可以带来其他任何方面的成功都不能替代的振作和愉快，从而最大限度地拥有优质的生活。马斯洛说过："音乐家作曲，画家作画，诗人写诗，如此方能心安理得。"人和工作的和谐搭配及其相互作用，可以满足人内心中对生活的不足。

每个人实际上担当的角色有两个，一个是他真正的自己，另一个就是他理想中的自己。由真正的自己逐渐向理想中的自己转变的过程更多的体现在人的工作上。人矮一点，没有关系；丑一点也没有关系；先天的决定因素是改变不了的，是无可厚非的。可是如果一个人没有一份属于自己的事业，那会是件很悲哀的事情。只有事业上的成就，才能担当他的角色，也只有通过工作上的能力才能证明他本身的行动、创造力。同时也应该有这种意识，工作是你自己的，你要为自己工作，为自己奋斗。

有这样一位老木匠，做了一辈子的木匠工作，并且以其敬业和勤奋深得老板的信任。年老体衰之时，木匠对老板说，自己想退休回家与妻子儿女享受天伦之乐。老板十分舍不得他，再三挽留。但是他去

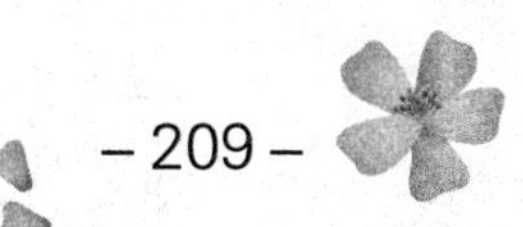

意已决，不为所动。于是老板只好答应他的请辞，但是希望他能够再帮自己盖一座房子。木匠自然无法推辞。

木匠已经归心如箭，心思完全不在工作上了，用料也不那么严格，做出的活也全无往日的水准。老板看在眼里，但却什么也没有说。等到房子盖好了之后，老板将钥匙交给了他。

“这是你的房子，”老板说，“我送给你的礼物。”

老木匠愣住了，悔恨和羞愧溢于言表。一生盖了如此之多的豪华庭宅，最后却为自己建了这样的一座粗制滥造的房子。

这个寓言故事说明，你所做的努力并不是完全为了老板，你归根结底是在为你自己工作。老木匠晚节不保，以至于使自己的晚年生活无法达到优质，我想，当他住在那样的一座房子里面，内心的不安足可以使他郁闷。

工作的时候虚掷光阴会伤害雇主，但是伤害自己更深。如果你永远保持勤奋的工作态度，你就会得到他人的称许和表扬，就会赢得老板的器重，也会获得更多的升迁和奖励的机会。同时，这也是你人生进步的台阶。有时候一项工作，薪水之外的东西更重要。比如，发展自己的职业技能，增加自己的经验，提升自己的人格，做强自己创业的根基，成为优质生活的保证。

慷慨的富翁格林在一次慈善晚会上发表了一场演说，深深打动了在场的不同职业的听众。

“我刚来巴黎的时候，每个星期可以挣到5美元，是在一家商店替人扫地。过了一年，到另外的一家公司工作，在那里我一个星期可以拿到11美元，但是我依然努力地工作。又过了一段时间，我进入了一家大公司，在那里我当上了商务代表，周薪30美元。那个时候，我对

自己说，希望能够通过自己的努力进入管理层。过了不久，我被董事长叫进办公室，桌上摆着一份新的合同，这是一份长达10页的合同，在这份合同中，公司提供给我的待遇是年薪1万美元。”

“我和妻子每周只花掉7美元，节省下来的钱全部用来投资。在我的第二份合同到期时，我的投资所得已经达到了12. 8万元。我用这些钱投资加入公司，成为公司的合伙人。不久，就成为了百万富翁。”

这位富翁还告诉我们，当他开始工作的时候，许多朋友劝告他说：“格林，你真傻，这份工作如此的累而且收入还很低。你每天都加班到深夜，什么时候才是出头之日？”

但是格林回答说：“既然我来到巴黎，就要干出一番事业来，也许现在我必须做这些别人不放在眼里的活，但是我坚信总有一天，我会成功的。”

是的！格林来到这座城市的时候，就下定决心要成为一个成功者。他从来不会错过任何一个学习做生意的机会，即使是在店里扫地的时候，他也会观察老板是怎样和客人打交道的。他总是在观察、学习、总结，即使休息的时候，也会和客人们攀谈，了解他们的消费观念和消费需求。有时，他也会问老板一些生意方面的问题，时间长了他便总结出了很多的生意经。虽然，那个时候他一周只有5美元的收入，可是他所学习到的东西又岂止5美元？观察格林工作的每一天，你会从他的身上找到一个出色的工作者应该具备的素质。

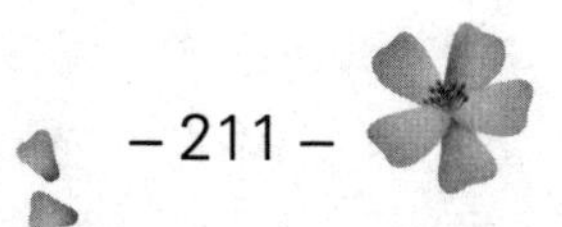

工作的态度决定人生的前途

人与人之间只有非常小的差异，但是这种非常小的差异却造成了很大的差异。非常小的差异就是所具备的心态是积极的还是消极的，很大的差异就是成功和失败。

庙堂里的门槛对佛像说：我们是同一棵大树，可是我在这里受万人践踏，你在那里受万人膜拜，为何我们的命运有如此巨大的不同呢？佛像说，你看我面容祥和、衣带飘逸、姿势端庄，这一切都是能工巧匠数年的精雕细刻，我经受了多少刀刻，才有了今天的尊严，你不愿意接受前期的镌刻，才会有后期的磨难啊。所以佛说，你想有什么样的生活，就得接受什么样的挑战。

每个人生而平等，大家都是血肉之躯，有谁生而高贵？生活中我们大家都是凡夫俗子，谁又比谁差多少？可是数年之后，生活仍然可以把我们塑造成为坐车的、赶车的、造车的和修车的。是什么使我们有了如此大的差别？是我们自己的态度。我们对待人生的态度不同，决定我们的生活的前途就不同。

受过良好的职业训练、勤奋敬业的员工会被需要，投机取巧、嘲弄抱怨的平庸劳动力会被社会淘汰。每个人在职业生涯的第一阶段选择好执业态度是至关重要的，想要成为职场中的一棵常青树，就要保持好的工作态度。那些在工作中麻木不仁、投机取巧、马虎轻率、嘲弄抱怨，对领导分派的任务眼高手低、吹毛求疵、推托借口的人，他们在职场中不会有立足之地。个人职业的前途很容易受到消极被动的

不良习惯所影响。一个人能否最高水准地发挥出来他的职业水平，与他本人心态有直接的关系。

史泰龙，世界顶尖的电影巨星，他就是一个用积极的人生态度打开自己成功之门的人。

史泰龙的生长环境并不好，爸爸是赌徒，妈妈是酒鬼。他父亲赌输了，就打他和母亲解气，而母亲喝醉时，也打他出气。他是在拳脚相加的家庭暴力当中长大的，常常是鼻青脸肿，皮开肉绽。由于小的时候总是挨打，致使他的面相并不美，学业也没有长进。自从他高中辍学以后，一个人在街头流浪、当混混。在他二十岁时的一天，有件偶然的事情刺激了他，他在心里默默地说："不行，不能再这样做。假如这样下去，和自己的父母有什么区别？"他彻底醒悟了。"不行！我一定要成功！我要带给别人快乐，把痛苦留给自己。"

史泰龙要活出一个人样来，决心要走一条与父母迥然不同的人生道路。然而他并不知道自己应当去做什么？有很长一段时间，他都在一个人静静地思索着。政治之路的可能性为零；去大企业发展，又没有学历、文凭，似乎是两座不可以逾越的高山。下海经商，又没有钱做为资本……。想来想去，最后他想当一个演员，不要求学历也不需要本钱，而且一旦成功了，就可以名利双收。可又一想，演员的素质与条件他并不具备，很显然，光是长相就很难使人有信心，况且他也没有接受过任何的专业训练。可是，如果不当演员，今生今世他也不会有出头的机会了，他一定要成功，永不放弃。第二天，他就开始行动，去好莱坞，四处找明星、导演、制片……，凡是一切可能使他成为演员的人，他都找了，而且还四处哀求："我要当演员，请给我一次机会吧，我一定要成功！"

可想而知，他四处碰壁。一次又一次被拒绝，但是他并没有气馁，因为他知道，被拒绝一定是有原因的。他每被拒绝一次，都会认真地反省、检讨，不断地找失败的原因，并作好总结，同时不间断地去找人。

时光荏苒，一晃两年的时间在不经意间就过去了，他身上的钱都花光了，为了维持生计，他在好莱坞打工，做些粗重的零活。漫漫长夜他有时会伤心地痛哭。他不断地问自己：“难道赌徒、酒鬼的儿子一定就要做赌徒和酒鬼吗？难道就真的没有希望了吗？不行，我一定要成功！”如果不能够直接成功，那就换一个方法。

于是，一个迂回前进的办法在他脑中闪现：我可以先写剧本，然后等剧本被导演看中以后，就要求在其中担任角色。现在的他已经不再是一无所知的年轻人。他从拒绝中得到了历练，每一次拒绝都是一次口传心授，一次学习，一次进步。写电影剧本的基础知识他已经掌握了。经过一年的努力，他终于写出了剧本，于是去遍访各位导演：“这个剧本怎么样，让我当男主角吧！”那些导演普遍的反应都是剧本还好，可是一提到让他当男主角，导演们都认为这简直是天大的玩笑。他又一次被拒绝了。

虽然被人否定，但他却越挫越勇，并不断地对自己说：“也许下一次就行，再下一次、再下一次……，我一定会成功！”在上千次被拒绝后的一天，有位曾经拒绝过他几十次的导演对他说：“我被你的精神所感动，但是我不知道你是否能够演好。给你一次机会倒是可以，前提条件是你要把剧本改成电视剧，而且只能先拍一集，由你担当男主角，看看观众的反应再说。观众不喜欢的话，你以后就别再想当演员的事情了！”经过了三年多的努力，他终于等到了这一刻，自

己终于可以一试身手了。这是他人生中的一次转机，所以一定要全力以赴。他全身心地投入，不敢有丝毫懈怠。由他主演的电视剧，虽然仅仅只有一集，可是却创下了当时全美最高的收视记录——无疑他成功了！健身教练哥伦布医生曾这样对他评价：“史泰龙的意志、恒心与持久力都是令人惊叹的，他每做一件事情，都是投入百分百的精力。行动家的称号非他莫属，从没有看过他呆坐着，总是主动地令事情发生。”

有积极的工作态度，才会有良好的前途！

能力胜过金钱

在每一项工作中，都会包含许多个人成长的机会，如果你把职业视为一种积极的学习。每个行业要想有所突破，都应该去适应新的技术、适应新的竞争以及那些数不清的常态性变化。应用到个人，同样受用。一个不能在工作中学习和进步的人，就会无用武之地。要想有所突破，就绝不能站在原地，而应该每一天都去学习新的事物，不断去掌握新的技术，在改进自己的同时，把事情做得更好，随时抓住更好的发展机会，以不变应万变。

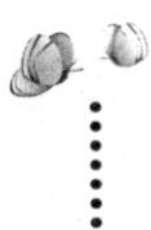

能力胜过金钱，它是无形的，却有着有形的力量。它既不会遗失，也不会被偷。不妨看一看成功人士的成长历程，他们并不是一直攀登事业的顶峰，也不是一直停留在顶峰之处，而是曾经多次攀上顶峰，又坠入谷底，虽然起伏多次，却锻炼了他们的意志，工作能力总能帮助他们重返巅峰。

要想在这个时代脱颖而出，你就必须付出比以往任何时代更多的勤奋和努力，拥有积极进取、不断学习知识技能的心，否则，你只能由平凡转为平庸，最后变成一个毫无价值和没有出路的人。

你现在的工作也许平淡无奇，即使如此它仍旧有很多值得你去吸取新东西的地方，它教给你一些必要的技能或经验，而且在这个过程之中，你的创造力在不断地被激发出来，使你能在自己喜欢或擅长的领域里游刃有余。

有一大部分人习惯用薪水的高低来衡量自己所做工作的价值。然

而，一个极其平凡的职业、一个极其低微的岗位，往往蕴藏着巨大的机会。只要你把自己的工作做得比别人更完美、更迅速、更正确、更专注，调动自己全部的智力，从旧事中找出新方法来，就能引起别人的注意，自己也会有发挥本领的机会，实现心中的目标。

相对于工作带给你的快乐来说，薪水是微不足道的，至少可以说是有限的。公司业绩的提升和利润的增长，其中有你勤奋努力的成果，但同时你也得到了宝贵的知识、技能、经验和成长发展的机会，有了机会，离财富也就不远了。是你在勤奋中与老板获得了双赢。

现在的你，无论从事什么样的工作，是一个水泥工人也好，工作的白领也好，只要你勤勤恳恳地努力工作，你就是成功的，就是令老板认可的。

有人问杰出的法官这样一个问题，当别人问他对人生的成功来说什么东西最重要时，他回答说："一些人靠自己出众的才华取得成功，一些人靠各种关系取得成功，一些人靠美貌取得成功，但是，大多数人是从一个普通的职业上开始走向成功的。"所以，好好地耕耘你的职业吧，千万不要让它荒废掉。

戴尔在一家贸易公司上班，他很不满意自己的工作，忿忿地对朋友说："我的老板一点也不把我放在眼里，改天我要对他拍桌子，然后辞职不干。"

"你对于公司业务完全弄清楚了吗?对于他们做国际贸易的窍门都搞通了吗?"他的朋友反问。

"没有！"

"君子报仇三年不晚，我建议你好好地把公司的贸易技巧和公司运营完全搞通，甚至如何修理复印机的小故障都学会然后辞职不

干。”

朋友说：“你用他们的公司做免费学习的地方，什么东西都会了之后，再一走了之，不是既有收获又出了气吗?”

戴尔听从了朋友的建议，从此便默记偷学，下班之后，也留在办公室研究商业文书。

一年后，朋友问他：“你现在许多东西都学会了，可以准备拍桌子不干了吧？”

“可是我发现近半年来，老板对我刮目相看，最近更是不断对我委以重任，又升官，又加薪，我现在是公司的红人了！”

“这是我早就料到的!”他的朋友笑着说，“当初老板不重视你，是因为你的能力不足，却又不努力学习，而后你痛下苦功，能力不断提高，老板当然会对你刮目相看。”

不要看不起自己的工作，也不要只知道抱怨老板，却不反省自己。如果我们不是仅仅把工作当成一份获得薪水的职业，而是把工作当成不断学习、不断进取的事业，我们就可能获得自己所期望的成功。

有太多的年轻人，因为轻视目前所从事的工作，只知道一味抱怨，不肯在积极的工作中去学习，最后连自己的一点点才华也被埋没于普通的工作之中。

威克是一家汽车修理厂的修理工，从进厂的第一天起，他就开始喋喋不休地抱怨，什么“修理这活太脏了，瞧瞧我身上弄的”。什么“真累呀，我简直要讨厌死这份工作了”，“凭我的本事，做修理的这活太丢人了”！

每天，威克都是在抱怨和不满的心态中度过的。他认为自己在

受煎熬，在像奴隶一样出苦力。因此，他每时每刻都窥视着师傅的眼神、举动，稍有空隙便偷懒耍滑，应付手中的工作。

几年过去了，当时与威克一同进厂的三个工友，各自凭着手艺或另谋高就，或被公司送进大学进修了，独有威克，仍旧在抱怨声中，做他蔑视的修理工。

再看一个相反的例子。阿里曾是美国阿穆尔肥料厂的一名速记员。尽管他的上司和同事均养成了偷懒的恶习，阿里仍保持认真做事的良好习惯，重视每一项工作。

一天，阿里的上司让他替自己编一本阿穆尔先生前往欧洲用的密码电报书。阿里不像同事那样，随意地编几张纸完事，而是编成一本小巧的书，用电脑很清楚地打出来，然后又仔细装订好。做好之后，上司便交给阿穆尔先生。

“这大概不是你做的。”阿穆尔先生问。

“呃……不……是……”上司颤栗地回答，阿穆尔先生沉默了许久。

过了几天之后，阿里代替了以前上司的职位。

如果一个人轻视自己的工作，将它当成低贱的事情，那么他绝不会尊敬自己。那些轻视自己工作的人，往往是一些被动适应生活的人，他们不愿意奋力崛起，努力改善自己的生存环境。对于他们来说，公务员更体面，更有权威性；他们不喜欢商业和服务业，不喜欢体力劳动，自认为应该活得更加轻松，应该有一个更好的职位，工作时间更自由。他们总是固执地认为自己在某些方面更有优势，会有更广泛的前途，但事实上并非如此。

工作本身没有贵贱之分，所有正当合法的工作，都是值得尊敬

的。只要你诚实地劳动和创造，没有人能够贬低你的价值，关键在于你如何看待自己的工作。那些只知道要求高薪，却不知道自己应承担责任的人，无论对自己，还是对老板，都是没有价值的。

不要轻视自己所做的每一项工作，即便是普通的工作，每一件事都值得你去做，值得你全力以赴、尽职尽责地认真完成。小任务顺利完成，有利于你对大任务的成功把握。一步一个脚印地向上攀登，便不会轻易跌落。认真工作你就不会再有劳碌辛苦的感觉，而且获得老板认可，更顺利地成就自己的事业的秘诀，就蕴藏于其中。

一个人的工作态度，又与他本人的性情、才能有着密切的关系。一个人所做的工作，是他人生态度的表现，一生的职业，就是他志向的表示、理想的所在。有许多年轻人，常常急功近利，其实我们对任何事，都不应抱过高的奢望，而应该先把学问与经验一点点地灌入自己的脑中，作为将来成功的资本。须知，今日社会所需要的，都是受过良好教育和品学兼优、受过训练的人。

热爱自己正从事的工作吧，就像热爱自己理想的事业一样。因为你目前的工作，其实也正是你理想事业的一部分，只有做好了它，你才能从中学到更多的知识、更多的技能，才能一步步地走向你所渴望的事业。世上很少有年轻时没打好根基，到后来竟能成就大业的人。那些成功的伟人，他们后来所获得的美满果实，大都是由于他们事先辛勤播下了良种。

经营自己的长处

一个人生命的最高价值和人生中最荣耀的财富就是：经营自己的长处，它能够给你的人生增值。而经营自己的短处，会使你的人生贬值。贬值的人生，自然也就不会拥有优质的生活。

富兰克林曾经说过："宝贝放错了地方就是废物。"

有位中学生向世界首富比尔·盖茨请教成功的秘诀，盖茨说："做你所爱，爱你所做。"

遗传学家的研究成果表明：人的正常、中等的智力由一对基因所决定，另外还有五对次要的修饰基因，它们决定着人的特殊天赋，有降低智力或升高智力的作用。

一般来说，人的这五对次要基因总有一两对是"好的"。也就是说，一般人在某些特定的方面，可能有良好的天赋与素质。所以不要埋怨现实的环境，不要坐等机会，每一个人都应该根据自己的特长来设计自己，根据自己的环境、条件、才能、素质、兴趣来确定努力方向。

赵本山当农民时，有人评价他说："重活干不了，轻活还不愿干，只会耍嘴皮子。"然而他却把嘴皮子耍成了一门学问，一门功夫，成为明星。乔丹成名之前，曾到一家二流职业棒球队打棒球，他的成绩只是一般，最后悻悻而归，然而最后他又有了"篮坛飞人"的美称。由此可见，如果一个人想要成功，首先必须要知道个人能力和职业的最佳结合点，去经营自己的长处。

有的人擅长与人打交道，有的人擅长与物打交道；有的人不擅长与人打交道，但是擅长与数据、信息打交道。每个人都有自己的本事。也就是每个人都有自己的天赋。所以，没有哪一个认识到自己天赋的人会成为一个无用之辈；同时，也没有哪个在错误地判断自己的天赋的时候，逃脱平庸的命运。

一些知名企业在招聘员工时，都要对求职者做一番个性测试。因为人们知道，必须把不同个性的人（即不同天赋的人）放在最合适的岗位上，才能发挥出他自身最大的潜能。一个喜新厌旧的人在一个保守的企业工作，他会经常受到批评。会成为主管眼中的叛逆分子，会令人头痛不已。可是当他去从事创意方面的工作时，也许会大受欢迎，因为他总能提出新的想法。

一个人最大的聪明才智就是自己的天赋，而真正适合的事业应当能够表现他的个性与天赋。如果找到了自己合适的位置，工作本身就会充分而全面地调动你的才能。

朱德庸，台湾著名漫画家，二十五岁时红透宝岛，他的《双响炮》、《涩女郎》、《醋溜族》等作品在台湾深受读者喜爱；在大陆，他的漫画也同样非常畅销。然而又有谁知道，他小时候还是个问题孩子，那时候他很自卑，总是认为自己很笨。长到十多岁后，他酷爱图形，对形形色色的图画很敏感，与此同时，对那些文字倒是有些反应迟钝。每天他在学校里画，回到家里也画，书和作业本上的空白地方都被他画得满满的；更好笑的是，如果他在学校受了哪个老师的批评，只要一回到家就画他，狠狠地画，让他在画里“死”得非常惨。有媒体发现了他，专门为他开办了漫画专栏。他发现了自己的长处，并努力去经营它，最终，他成为了一位优秀的漫画家。

全能奇才在这个世界上是没有的，充其量不过是在某一两个方面有所造诣。歌星姜育恒以一曲《再回首》走红，却在经商的道路上一败涂地。在这个物竞天择的年代，只能积聚全身的能量，朝着最适合自己的方向，专注地投入，才能成为一个优秀的人。一个优秀的人才能够在生活的坐标中找到自己对生活的信心。

大诗人李白说过："天生我材必有用。"这里的"有用"应指各种作为，各种才能的发挥，而不仅限于位极人臣、富甲天下、武林泰斗等，如果人人都把这些当做奋斗的目标，那么失望的人一定很多，原因很简单，就是目标与自己的实际不对路。或者是自己的天赋和事业不一致。就像鱼儿要飞翔，鸟儿想游泳一样，那么鱼飞翔的生活和鸟儿游泳的生活肯定极其不佳。其实鱼何必羡慕鸟，鸟儿何必羡慕鱼，二者都有独到的用武之地，所谓：海阔凭鱼跃，天高任鸟飞。

每个人都有自己的天赋（包括弱智者和残疾人）。

每个人最大的成长空间，在于其不同方向的先天优势。成功学告诉我们：后天的优势可以建立，但是先天的优势不可以改变。天赋既不能增加，也不能减少，不能在本来没有的情况下通过学习获得，只能在有的前提下通过传授、培训来加强。只要你识别和接受自身的天赋和性格，配以必要的知识和技能，而且寻找你所具备天赋和性格的事业，持续地使用它们，并且坚持下去，就能够寻找到属于自己的完美幸福人生。

热情让工作充满奇迹

我曾经看过一本书叫《假如我死了一回》。每天，这位大学生对工作都抱着无所谓的态度去上班，表情木讷，精神颓废，工作时心不在焉，总是找各种借口对上司交待的工作应付了事。

不料有一天，他却在一个饭店里认识了一位来这里就餐的企业家。企业家说他可以帮助他摆脱目前毫无意义的生活，但要这位大学生得答应他一个条件——那就是不需要任何报酬地到他公司上班，这位大学生同意了。

从那以后，这位大学生的生活，发生了一连串不可思议的变化。在工作中，这位大学生认识了企业家的女儿，他开始对生活充满激情，对任何工作都充满热情。在崭新的人生面前，这位大学生不禁感慨万千，他认为上帝对他太好了，他开始努力工作，不断地以一种崭新的姿态对待每一天。他开始认识到热情是一种意识状态，热情能鼓舞和激励自己采取积极的行动，让整个身体充满活力，使学习与生活不再显得辛苦、单调。

他感到热情还能感染和自己接触的每一个人，使其与自己共同奋斗，创造美好未来。

生活真的是不可思议，生活太精彩了，我从来没有感受到生活这样美好。现在我终于明白了——人生是一棵树，一棵树成不了森林，一个人成不了群，孤独的你、孤独的我、孤独的他牵起孤独的手，我们不再孤独。绿阴相护共顶烈日，秀枝相接同承风霜。给你给我给他

一片森林，给人生一道迷人的风景，我们就会热情似火地创造人生的价值。

有人说：全世界的人几乎都在沉睡，你认识的、看到的或是正在交谈的人，其实他们的人生都是在梦中度过的。只有寥寥无几的人是真正清醒的，他们总是在用充满惊奇的眼光看待世界。他们总是在用火一般的热情对待工作，对待人生。

热情是点燃生命的火种；热情是照亮前程的心灯。激荡内心澎湃的热情方能绽放光彩绚丽的人生！只要我们具备了热情，就能在工作中创造快乐和激情。热情是一个人因为对事业具有浓厚的兴趣，对未来充满信心，而表现出的一种高度负责、全身心投入的情感。同时，热情还是一种积极、乐观、豁达的生活态度。

事实上，一个热情的人，等于是有神在他的心里。热情也就是内心的光辉——一种炙热的、精神的特质，如果将这种特质注入到我们的奋斗之中，那么我们无论面对什么样的困难，都将所向披靡，战无不胜。

“失去了热情，就损伤了灵魂”，每个致力于成功的人，都应该牢记这句话。在各种成功素质中，居于首位的，应该是热情。要成功，一定要有梦想、有远见、有热情、有执著。我们一定要对某个目标朝思暮想，不实现誓不罢休。一定要肯苦干、肯付出、肯拼命，有了动机、动力、活力，我们才有追梦的本钱。我们对自己的目标投注的热情越多，实现梦想的几率就越高。不管我们做什么，都要乐在其中，而且要真心热爱我们的事业，要拥有那种迫切的工作欲望。在我们热情渴望、愿意全身心付出的时候，就会产生超乎想象的坚强与力量，凭着这股力量，我们能经得起各种打击、失意和批评的考验。当

然渴望只是一种情绪，最重要的是要敢于下定决心，动手去做。这就是实现梦想必须具备的步骤。

伊尔说：“离开了热情，是无法做出伟大的创造的。这也正是一切伟大事物激励人心的地方。离开了热情，任何人都算不了什么；而有了热情，任何人都不可以小觑。”

我们每个人身体内部，都有力量之源。我们可以用它来完成我们所期望的一切，医学研究证明：我们身体的每个细胞和器官都充满了生命力，其中热情自然也是这个生命力的一部分。我们应将这份热情全身心地投入到工作中去，把它当做一种使命来完成它，以此发挥它最大的力量。

保持热情，会使我们青春永驻；让我们的心中充满阳光，更会让我们保持对生命以及工作的乐趣。拿破仑·希尔曾说：“若你能保持一颗热情的心，那是会给你带来奇迹的。”

学会适应

只要我们还活着，就得生存下去，要想更好地生存下去，就要参加竞争这场游戏。对于我们每个人来说，生存和竞争都是残酷的。只有懂得生存，学会竞争，我们才能更好地存活于世上。

在深海里氧气极其稀薄，很多动物为了生存下去，不得不根据深海里的环境来进化自己。其方式就是尽量减少活动，或者干脆就不动，蛰伏在一个地方很长时间，用以减少身体对氧气的过分需求。深海里环境就是再恶劣，不少动物还是顽强地生存了下来。然而，最近科学家研究发现。在深海里生活的动物逐渐在减少，而且原因却令人感觉很惊奇，不是因为氧气的减少而是因为氧气的增多才使得深海的动物慢慢减少。

有一片海域，最近移植了大量含氧海藻，因此导致了许多深海动物的死亡。人们想改善深海动物的生存环境，于是移植了大量的含氧海藻，然而却没想到，反而害了那些动物。这些含氧海藻是一种能够制造氧气的深海植物，是普通海藻造氧量的100倍。增加了氧气的深海对鱼类应该是一件有益的事，然而这些动物千百年来已经适应了长期蛰伏于一处一动不动，已经适应了缺氧的环境。一时间有大量的氧气注入，它们反倒不适应了，产生了氧气中毒。要想不让自己中毒，唯一的方法就是迅速改变原有的生活习惯，改静止为动态。只有不停地游动才能够加速呼吸，让过量的氧气排出体外。这样，过量的氧气不但对它们构成不了威胁，反而会让它们更具活力。

两种动物很快就分出来了：一种是面对新的环境，无法通过改变自身去适应，最后只能被“淘汰”；而另一种则是随着环境的变化而快速地行动起来，因为适应了大量氧气注入的新环境而“如鱼得水”。

有这样一个故事：

在2007年1月，斯诺克温布利大师赛决赛上，丁俊晖和罗尼·奥沙利文再一次狭路相逢。众所周知，丁俊晖是中国台球“神童”，他在2006年的北爱尔兰杯台球赛的较量中，第一次战胜了有着“火箭人”之称的罗尼·奥沙利文，如愿捧到了职业生涯中第三个世界冠军杯。而奥沙利文呢，也憋足了一口气想报一箭之仇。这回交锋，可谓“仇人”相见，分外眼红，这是一次强者间的较量。

比赛开始后不久，丁俊晖旗开得胜，以2：0领先。这个时候，一幕不和谐的场面出现了：看台上，很近的位置上，有一名奥沙利文的“粉丝”在丁俊晖每一次起杆时都要大声咒骂，这种状况让丁俊晖感觉很不自在。他的心理开始出现波动，也许是骂声的影响，他在关键的几局中失误频频，结果很快以大比分落后了。

在这里，没有保安管理，“粉丝”发现寻觅到了好的加油方式，骂得更起劲了。到了第十二局，奥沙利文胜出，丁俊晖伸过手去，准备向奥沙利文祝贺。“火箭人”先是一愣，知道是对手弄错了赛制，随即他又感觉到了场内的变故，马上连说几声“NO，NO，NO”，然后搂住丁俊晖说：“比赛还没结束呢，和我接着打完后面的比赛好不好？”丁俊晖方寸大乱，他已经无法全身心投入比赛了，甚至不知道该怎么打了。然而他却继续着这场比赛。

奥沙利文一直在休息室里陪着自己这位小弟弟对手，他还叫来了

一个四五十岁的香港人（他自己练球房的老板），一起来安慰他。他说："我听到了那个骂你的声音。我刚来伦敦时，也领教过这样的骂声，然而我依然坚持过来了。请你一定要记住，比赛是属于我们两个人的，那不是比赛。"

最后的比赛到了，开始前的一分钟，奥沙利文走向裁判，他要求将那个骂人的"粉丝"清退出场。在大家的一片喝彩声中，两人比赛进入第13局。当机会球再一次倒向丁俊晖的时候，奥沙利文主动走向球迷。要他们帮助加油助威。

奥沙利文获胜以后，他将与对手的礼节性握手改成了拥抱："没关系，以后还有机会，随时欢迎来伦敦找我，我很喜欢和你一起打球。"此刻的丁俊晖，早已热泪盈眶："我流泪不是因为输了比赛，而是遇到了一位绅士。"

这场斯诺克比赛，给观众的感觉，他们不像是观看一场令人窒息的高水平角逐，而像在欣赏一门艺术，那是一种闪耀人性光环之美的艺术。也许比赛有很多种赢法。然而在赢得比赛的同时，赢得尊重和友谊，赢得对手的心，赢得观众的感动，才是赢的最高境界。

让我们来看看非洲角马的生存法则：

在广阔的非洲大草原上，生存着各种各样的大型动物，而角马就是其中的一种。这种动物长得很像牛，它们生活在非洲的东部和南部。每当雨季，会有充足的雨水，大地上一片生机勃勃的景象，在这广阔的草原上，散布着一匹匹非洲角马。可是每当到了旱季，角马为了寻找新鲜的草料，不得不离开这里，于是它们聚集起来，成群结队地去寻找食物（角马数量多达150万头），它们每天要走48公里。

每年的10月份，上百万的角马从几千公里外的坦桑尼亚迁徙到这

里。在肯尼亚的马拉河中有两种动物，它们是角马们在渡河时必然要遇到的劲敌：其中一种是尼罗鳄（世上最大、最为凶残的动物），另外一种是则是有着“非洲河王”之称的河马。这条马拉河是角马们要渡过的一条河，而且是最后的一条。只要渡过去，它们就可以进入水草丰美的“马间乐园”。可是如果渡不过去的话，就会有绝大部分角马因缺草缺水而死。每年的10月份和次年的3月份，马拉河都会上演一幕幕惊心动魄的场景：狂野、惊险和悲壮的瞬间被演绎得淋漓尽致。

到了10月，马拉河的河水不再湍急。在一些地方可以清楚地看到河底。对人类来说，卷起裤腿就可以过河了。只见有成千上万的角马，它们聚集在马拉河的岸边，来到这个通往“马间乐园”的必经之地。尼罗鳄、河马在河里目不转睛地注视着角马，它们等待着丰盛的大餐。片刻间，有几头小角马发现，离准备过河的地点不远处河水很浅，在那里，尼罗鳄和河马根本没有施展的空间。于是，这几头年幼角马聚集过去，想要从那里过河，躲避尼罗鳄和河马的攻击。刹时间，有好多头年老的角马（看上去像是它们的头领）过来驱赶这些小角马，它们根本就不允许它们从较浅处且没有尼罗鳄和河马的地方过河呢。

这一场面被《动物世界》摄制组真实地记录下来。工作人员问导游，角马明明知道马拉河里有凶恶的尼罗鳄和河马，为什么不从较浅且没有尼罗鳄和河马的地方过河，而是依然选择以前的路线呢？这不是找死吗？

诚然，这些角马知道河浅处没有尼罗鳄和河马，可以安全地从那里过河。可是，它们同时也知道，这样的情况是难得一见的，尤其是马拉河，甚至有很多角马一辈子也不会遇上。如果小角马选择了从较

浅处过河，并顺利到达对岸，那么到下一次再经过马拉河时，面对成群的尼罗鳄和河马，它们还敢过河吗？这些角马是种群繁衍生息的希望，要教给它们生存的法则。让它们知道，过不了河就意味着死亡，那对整个角马种群意味着什么呢？所以，角马必须要教育小角马放弃那老天疏忽的“恩赐”，以免丧失了抗争命运的本能，而是选择始终贯穿角马生命的危险，就是与尼罗鳄和河马的斗争。

少有的安全和屡见的危险，谁都要面对。角马为了更好地生存和繁衍生息而选择后者，这就是角马的生存法则。它使角马在面对凶险的生存环境时，依然能繁衍至今。

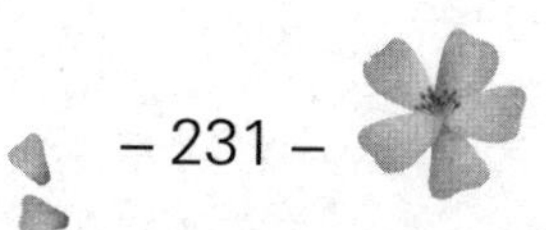

安逸的生活并不是属于你的晴空

有一个女孩儿，从小的梦想就是当一名救死扶伤的天使，解除人们的病痛，给他们带去生的希望，还他们健康的身体。她一直按照自己的理想设计自己的人生，并且一步一个脚印地去实现。可是不巧，当她医大毕业的时候被分配到了一个让许多人羡慕的政府机关，在那里工作十分轻松。

然而时间不长，女孩儿开始郁郁寡欢，虽然她的工作很轻松，但是这份工作与她所学的专业并不相关，她是医大的高材生，可是在这里却没有施展才能的机会，也不能将所学更广泛地应用到医学领域，所以她想辞职，到外面的世界去打拼。但同时她的内心深处却十分留恋眼下这份稳定又有保障的舒适工作，要知道外面的世界虽然很精彩可是风险也大，经过反复思考她仍然拿不定主意，于是她就将自己的想法告诉了爸爸。父亲听后想了一会儿，给她讲了一个故事。

从前，有一个农夫在山里打柴时，捡到了一只很小很丑的长相奇怪的小鸟，那只小鸟和刚满月的小鸡一般大小，因为它很小，老人很担心把它扔在山林里它根本就不能够存活，于是老人把它带回了家，到了家，老人把它放在了小鸡群里，让它充当母鸡的孩子，鸡妈妈并没有发现这个小群体里的异类，全权负起一个母亲的责任。它一天天的长大了，而且人们发现怪鸟竟然是一只老鹰。人们开始担心这只鹰再大一些会吃鸡。然而人们的担心是多余的，那只一天天长大的鹰和鸡相处得很和睦，只是当鹰出于一种本能在天空展翅飞翔再向地面俯

冲时，鸡群出于本能会产生恐惧和混乱。

时间久了，人们对于鹰同鸡相处的事越来越担心，如果哪家丢了鸡，便首先想到是鹰所为，这些人们一致要求将这只鹰杀掉，可是农夫不舍得杀鹰，所以准备将鹰放生，让它回归大自然。

农夫用了许多办法都无法让鹰返回大自然，他把鹰送到很远很远的地方放生，过了不几天那只鹰又飞回来了，农夫驱赶它，不让它进家门，甚至将它打得遍体鳞伤，试过了很多办法都不奏效。

最后他们终于明白：原来鹰是舍不得那个温暖舒适的家园。

后来村里的一位老人说："把鹰交给我吧，我会让它重返蓝天，永远不再回来。"

老人将鹰带到一个最陡峭的悬崖绝壁旁，然后将鹰狠狠向悬崖下的深涧扔去，像扔一块石头那样。开始的时候它就像是石头一样，迅速的下坠，然而快要到涧底时，它终于展开双翅托住了身体，开始缓缓滑翔，然后轻轻拍了拍翅膀，飞向了蔚蓝的天空，它越飞越舒展，越自由，渐渐变成了一个小黑点，飞出了人们的视线范围，永远地飞走了，再也没有回来。

很多时候，我们总是对现有的东西不忍放弃，对舒适平稳的生活恋恋不舍。一个人要想让自己的人生有转机，就必须懂得在关键时刻把自己带到人生的悬崖。给自己一个悬崖，其实就是给自己一片蔚蓝的天空。

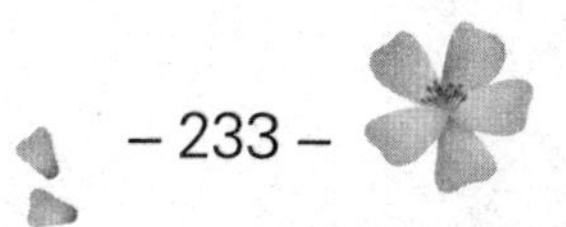

享受过程，精彩每一天

享受过程，精彩每一天。生命就像是一个括号，左边括号是出生，右边括号是死亡，我们要做的事情就是填括号，要用靓丽多彩的事情、好心情把括号填满，结果到了括号就结束了。云南有一个古城，气候宜人、土地富饶、物产丰富，人们生活悠闲，节奏慢悠悠的。有一个英国绅士看到这里的人们生活悠闲，就问一个老太太，夫人，你们这里的人生活节奏为什么总是慢悠悠的？老太太说，先生，你说人最终的结果是什么？英国绅士想了想说，是死亡。老太太说，既然是死亡，你忙什么？生命是一个过程而不是一个结果，有人看透，有人看破。学会体会过程，有的人就找最讨厌的地方去体会，这个世界总会有阴暗面，一缕阳光从天上照下来的时候，总会有照不到的地方。如果你的眼睛只盯在黑暗处，抱怨世界黑暗，那是你自己的选择。现代社会由于残酷的竞争，人心变成了“狼心”，这套理论能把“狼心”变成“仁心”，能缔造家庭幸福、团队和谐。知道什么是末位淘汰吗？它是森林规则。动物为了保护自己拼命地跑，跑得最慢的留给狼，狼把它吃掉。森林规则用在了人身上，人心不就变成了“狼心”了吗？大家都在拼命地扩大市场份额，在蛋糕不变的情况下，就是把别人的饭拿来给自己吃。竞争已经渗透到人的骨子里面，使人烦恼，心态变差。

竞争是残酷的，人还得快乐，大家就在矛盾的夹缝中生存。

刚刚步入社会的年轻人，多数喜欢张扬个性，同时也任意而为，

不懂得委曲求全，导致工作处处碰壁。而涉世渐深之后，学到了职场的生存法则，能够分清主次，学会了内敛，少出风头，不生闲气，专心做事情。保持生命的低姿态，避开无谓的纷争，躲开意外的伤害。更好地保全自己，发展自己，成就自己。

一个满怀失望的年轻人，千里迢迢来到法门寺，对释家学者法明说："我一心一意要学习丹青，但是至今仍然没有找到一个能够令我满意的老师。"

法明笑笑问："你走南闯北十几年，真没有找到一个自己的老师吗？"年轻人深深地叹了口气说："许多人都是徒有虚名啊！我见过他们的画，有的画技甚至还不如我呐！"法明听了，淡淡一笑说："我虽然不懂丹青，但也颇爱收集一些名家精品。既然施主的画技不比那些名家逊色，就烦请施主为老僧留下一幅墨宝吧！"说着，就让小和尚拿了笔墨砚和一沓宣纸。

法明说："我最大的嗜好，就是爱品茗饮茶，尤其喜欢那些造型流畅的古朴茶具。施主可否为我画一个茶杯和茶壶？"年轻人听了说："这还不容易？"于是调了浓墨，铺开宣纸，寥寥数笔，就画出了一个倾斜的水壶和一个造型典雅的茶杯。那个水壶的壶嘴正徐徐吐出一脉茶水来，注入到那茶杯当中去。年轻人问法明："这幅画您满意吗？"法明微微一笑摇了摇头。法明说："你画得确实不错，只是把茶壶和茶杯放错了位置了。应该是茶杯在上，茶壶在下呀。"年轻人听了笑道："大师为何如此糊涂，哪有茶壶往茶杯里面注水而茶杯在上茶壶在下的？"法明听了又微微一笑说："原来你懂得这个道理啊！你渴望自己的杯子里面能够注入那些丹青高手的香茗，但是你总是把自己的杯子放得比那些茶壶还要高，香茗怎么能够注入你的杯子

里面呢？涧谷把自己放低，才能吸纳融会百川，成汹涌之势啊。”海纳百川，有容乃大，是因为身处低下，方能称为百谷之王。

长期以来，人们一直觉得，无论是生活和事业，聪明最重要。其实，在成功的道路上，排在聪明前面的一个重要的因素就是胸怀。所谓胸怀，就是一种用天下之材、尽天下之利的气度，当然，还包括相当程度的包容——对异己的包容，对不恭敬的包容，对不如自己者的包容。只有这样，你才会形成一种从广大处觅人生的态度，把生命的境界做大，把事业做大。

老子说：当坚硬的牙齿脱落时，柔软的舌头还在。柔软胜过坚硬，无为胜过有为。学会在适当的时候，保持自己的低姿态，绝不是懦弱和畏缩，而是一种聪明的处世之道，是人生的大智慧、大境界。

清除心中的顽石

有些时候，阻碍我们去发现、去创造的，仅仅是我们心理上的障碍和思想中的顽石。

有一块宽度大约有五十公分、高度有十公分的大石头，摆在一户人家的菜园里，每当人们从菜园走过，都会不小心踢到那块大石头，不是跌倒就是被擦伤。

“父亲，为什么不把那块讨厌的石头挖走？”儿子愤愤地问道。父亲回答说：“谁让你走路一点都不小心呢！它摆在那儿，还能训练你的反应能力。要把它挖走可不是件容易事，它的体积那么大，你没事无聊挖什么石头呀！在你爷爷那个时代，它就一直在那儿了。”

就这样又经过了几年，当时的儿子娶了媳妇，也当了爸爸，然而这块大石头还摆在菜园里。有一天媳妇气愤地说：“父亲，菜园那块大石头，我越看越不顺眼，改天请人搬走好了。”

父亲回答说：“算了吧！那块大石头很重的，可以搬走的话在我小时候就搬走了，哪会让它留到现在啊？”大石头不知道让她跌倒多少次了，媳妇心底非常不是滋味。

有一天早上，媳妇带着锄头和一桶水，将整桶水倒在大石头的四周。十几分钟后，媳妇用锄头把大石头四周的泥土搅松。媳妇早有心理准备，可能要挖一天吧，谁都没想到几分钟就把石头挖起来，看看大小，这块石头没有想象的那么大，人们是被那个巨大的外表蒙骗了。

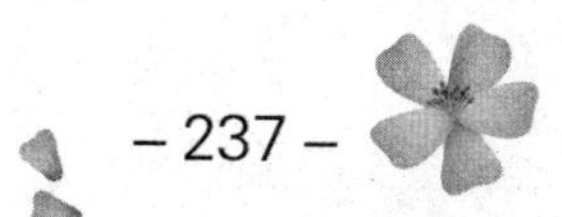

你抱着下坡的想法爬山，便不会爬上山去。如果你的世界沉闷而无望，那是因为你自己沉闷无望。改变你的世界，必先改变你自己的心态。搬走那块顽石。

不要把自己当做鼠，否则肯定被猫吃。

在美国，有个富贵人家生下了一个女儿。然而不久，她便患了一种无法解释的瘫痪症，从此丧失了走路的能力。

女孩生日那天，家人在大轮船上为她庆祝生日。她坐在轮椅上，与家人一起乘船旅行。船长的太太告诉她说，船长有一只天堂鸟，它非常漂亮，并且给她讲了有关这只天堂鸟的许多奇迹般的故事。她被有关这只鸟的故事给迷住了，极想亲自看一看。于是保姆把孩子留在甲板上，自己去找船长。孩子耐不住性子等待，她要求船上的服务生立即带她去看天堂鸟。那服务生并不知道她的腿不能走路，只顾带着她一道去看那只美丽的小鸟。奇迹发生了，孩子因为过度的渴望，竟忘我地拉住服务生的手，慢慢地走了起来。从此，孩子的病便痊愈了。女孩子长大后，又忘我地投入到文学创作中，最后成为了第一位荣获诺贝尔文学奖的女性。忘我是走向成功的一条捷径，只有在这种环境中，人才会超越自身的束缚，释放出最大的能量。

困境就是转机

人生这条路，无论我们走得多么小心、多么努力，只要稍微遇上一些不愉快的事情，便习惯性地抱怨老天对我们不公，进而祈求老天能赐给我们更多的力量，以帮助我们渡过重重难关。事实上，老天对每个人都是公平的，就像它对老虎和大象一样，人生的每一个困境都有其存在的价值。

有一天，动物之王老虎来到了上帝面前说："首先，我非常感谢你赐给我强大无比的力气，还有雄壮威武的体格，这些能力足以让我来统治这个动物王国。"

上帝听了，平静地说："我知道，这不是你来找我的真正目的，是不是有什么事情困扰着你呢？可以说给我听听。"

老虎应了一声，开心地说："上帝真是神呀，这么了解我啊！今天来这儿，我确实有事情要求助于你。虽然我的权力很大，但依然被每天的鸡鸣困扰，每天早上我都会被鸡鸣声给吓醒。上帝啊！求求您再赐给我一些力量吧！赐予我能够不再被那些鸡鸣声给吓醒的力量！"上帝微笑着说："或许大象会给你一个满意的答复，你去找大象吧！"老虎兴高采烈地向湖边跑去，还没见到大象，就听到大象跺脚发出的"嗵嗵"响声。

老虎加快速度跑向大象，却看到大象一直在跺脚，还气呼呼的样子。

老虎不解地问："你的脾气怎么这样大，遇到什么不开心的事情

了吗？”只见那头大象不停地摇晃着两只大耳朵，气愤地说：“不知道从哪里冒出讨厌的蚊子，一门心思地想钻进我的耳朵里，我都快痒死了。”老虎离开了大象，默默地在心里想着：“纵使是体型巨大的大象都摆脱不掉被小蚊子叮咬的命运，何况是我呢？我还有什么好抱怨的呢？那鸡鸣也就是一天一次，可是蚊子却是无时不在地骚扰着大象。这样想来，我可比它幸运多了。”

老虎往森林深处走去，一边走还一边回头看着仍在跺脚的大象，心想：“上帝要我来看看大象的情况，应该就是想告诉我，谁都会遇上麻烦事，而他并没有办法帮助所有的人。所以，只能靠自己了！那么以后每当鸡鸣时，索性把它想成是鸡在提醒我应该起床了，鸡鸣声对我还算是有益处呢！”

有时我们在困难面前，显得有些力不从心，可是如果你直面它，甚至忽视它，你会感觉到，它也怕你，怕你的决心战胜它，更怕你轻视它。因为那样它在你面前就没有强大的地位了。

在我的成长中，那天发生的事情始终在我的记忆深处。记得那是个风雪狂暴的星期二，教室窗外就像是有无数发疯的怪兽呼啸厮打在一起。温柔的雪失去了往日给人的宁静感觉，它恶狠狠地寻找可以袭击的对象，风呜咽着四处搜索。

同学们都喊冷，根本没了读书的心思，就像被这冷空气冻住了一样，整个教室听取跺脚声一片。

只见鼻头红红的林峰老师挤进教室时，那似乎等待了许久的风席卷而入，贴在墙壁上的《学生守则》一鼓一顿，像在开玩笑似的卷向空中，突然又一个跟头栽了下来。往日很温和的林峰老师一反常态，满脸的严肃、庄重甚至冷酷，一如室外的天气。

教室里一直无法安静下来，同学们惊异地望着林峰老师。“请同学们穿上胶鞋，随我一起到操场上去。”几十双眼睛在问。“因为我们要在操场上立正五分钟。”即使林峰老师下了“不上这堂课，永远别上我的课”的恐吓之词，还是有几个娇气的女生和几个蛮横的男生没有出教室。操场在学校的东北角，北边是空旷的菜园，再北是一口大塘。那天，操场、菜园和水塘被雪连成了一个整体。

那破旧的篮球架，被雪团打得“啪啪”作响，似乎也矮了许多，一些雪粒席卷起雪团呛得人睁不开眼张不开口，仿佛无数把细窄的刀在划着同学们的脸。尚不算厚实的衣服像铁块、冰块，脚像是踩在带冰碴的水里。同学们挤在教室的屋檐下，谁都不肯迈向操场半步。林峰老师没有说任何话，站定在我们的身边，只见他脱下了羽绒衣，当线衣脱到一半，风雪就适时地帮他完成了另一半。“都到操场上去，立正站好！”林峰老师脸色苍白，认真地一字一顿地对我们说。这个时候，同学们谁也没有吭声，一个一个老老实实地到操场排好了四列纵队。我们瘦削的林峰老师身上只穿了一件白衬褂，他那瘦削的身躯，在衬褂紧裹下更显得单薄。同学们都安静了下来，一直保持立正的姿势，规规矩矩地在操场站了五分多钟。

当我们坐在教室里时，大家都以为自己敌不过那场暴风雪，可是事实证明，我们在外面站上半个小时都可以顶得住，即使叫我们只穿一件衬衫，也依然能够顶得住。我们的生命之中会有许多伤痛，千万不要把它想得有多么严重。别把它当回事，它是不会很痛的。你觉得痛，那是因为你自以为伤口在痛，害怕伤口的痛。面对困难，许多人戴了放大镜，但和困难拼搏一番，你会觉得，困难不过如此。人生必须渡过逆流才能走向更高的层次，最重要的是永远看得起自己。一

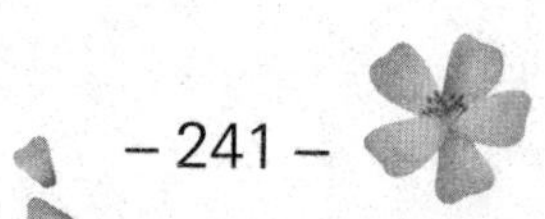

天，农夫的老马不小心掉进一口枯井里，它在枯井里嘶鸣乞求农夫来救他。可是任他绞尽脑汁想尽了各种办法仍然是无济于事。几个小时过去了，眼看就要天黑了，老马还在井里痛苦地哀嚎着，到了最后，农夫决定放弃努力，他在心里暗想，反正也是老马，干不了多少活了，也不用这样兴师动众去救它了。

可是无论如何，都应该把这口井填满，因为怕以后有马再掉入枯井中。

他请来了左邻右舍，帮他一起将井中的老马埋了，以减轻它的痛苦。他的邻居们每人手中有一把铲子，一齐将泥土铲进枯井中。当这头老马清楚了自己的处境后，伤心地流泪了，而且哭得十分凄惨。这时，出人意料的情况出现了，几分钟的时间，这头老马就异常安静下来。人们好奇地往井底探头一看，眼前的景象令人们大吃一惊：当铲进井里的泥土落在老马的背部时，老马的反应令人称奇——它将泥土抖落在一旁，然后站到铲进的泥土堆上面！经过两个小时，老马将大家铲进井的泥土全数抖落在井底，然后再站上去。很快，老马便得意地上升到井口，然后在众人惊讶的表情中快步跑开了！就像老马所遭遇的情况一样，每个人的生命旅程中，不知道什么时候也难免会陷入“枯井”之中，同样也会有各种各样的“泥沙”倾倒在我们身上，真正想要从这些“枯井”脱困的秘诀就是：将“泥沙”抖落掉，然后站到上面去！

一个障碍，就是一个新的已知条件，只要愿意，任何一个障碍，都会成为一个超越自我的契机。